JN013739

有限会社　渡辺酒造店　荒城屋九代目

渡邉 久憲

CROSSMEDIA PUBLISHING

はじめに

東京から片道5時間以上かかる辺境の田舎町――そこが私の生まれた岐阜県飛騨市古川町です。その町で創業150年を超える酒蔵「渡辺酒造店」を経営する9代目の後継社長が私、渡邉久憲です。

「老舗酒蔵の跡継ぎ」。これを聞いただけでも「不況だろうなあ」「苦労してるんだろうなあ」と思ってくださるのではないでしょうか（笑）。

ところが、現実はそうでもないんです。

確かに私が家業を継ぐために29歳で渡辺酒造店に入社してからの4年間は苦難の日々でした。4億円あった売上は2億6000万円まで減少。十数人の会社で売上が3分の1減ったらどうなるか、経営者なら誰もが苦しい状況を想像できると思います。

古参社員は相次いで退職。杜氏は心臓病にかかって突然引退。社内にはうつ病を発症してしまう人が出て、窃盗や横領といった不祥事も発覚しました。業績不振になると銀行は手のひらを返すもので、長年取引していたにもかかわらず急に冷淡になり、融資はおろか、支払いスケジュールの見直しにも応じてくれないんです。

追い詰められた私はストレスから暴飲暴食を繰り返し、体重は100キロを突破。ふと気がつくと背中には謎の腫瘍が……という状況でした。企業の苦境と聞いて、思い浮かぶ限りの悪条件が揃っていました。いま思い返しても、あれはキツかった（笑）。

売上が減った要因はいろいろあるんですが、大きかったインパクトは「酒類販売業免許の規制緩和」でした。これによる業界内の変化についていけなかったんです。具体的には酒のディスカウントスーパーの台頭により、時間が経てば経つほど既存の流通ルートでは利益を得られなくなっていきました。

「このまま座して死ぬわけにはいかないな……」ふと、そんなことを思った日を境に、ありとあらゆる施策を矢継ぎ早に打ち出していきました。

日本酒の品質改善は当然ながら、国内外のお酒のコンテストに片っ端から参戦して、それが功を奏して、第三者からの評価もいただいて、またＰＲにつなげていくようにしました。

また、お酒を実際に飲んでくれるお客さんと直接つながって、その声を新商品作りに反映していきました。地元で酒蔵を中心としたイベントを主催して、地元だけでなく、県外のお客さんにも楽しんでもらって、これまでにはなかったような方法で、たくさんの人に酒蔵を親しんでもらえるようにしました。

こうしたやり方はそれまでの渡辺酒造店ではまったく考えられないことでした。たぶん、他の酒蔵にも理解してもらえないような気がします。実際、業界の常識にとらわれないマーケティングを行ったことで、同業者からは白い目で見られていました。仲のいい酒蔵の主人たちからも「どうしちゃったの!? 大丈夫か?」と心配される始末です（笑）。

それでも、自分自身が信じるものを腹の底に抱えていたから、この変革の最中に「辛い」という感情を抱いた記憶は、あまりありません。「もう、やり切るしかないな」って思っていました。

そうして改革をやり抜いた結果、どんどん成果が出ていったんです。詳しくは本文に譲りますが、この改革のエッセンスを一言で表すなら「エンタメ化経営」です。お客さんを惹きつけて楽しんでもらい、お客さんの求めるものを真摯に提供する方向に大きく舵を切ったことで、歯車が回りはじめたんです。

はじめは地元だけだった商圏は、だんだんと県外へ、そして東京などの大都市部へと拡大していって、いまは世界でも広がっていこうとしています。いまでは売上が12億円になり、私の入社時の3倍、そして何をやってもうまくいかなかった地獄のような低迷期の5倍近くにまで、成長することができたんです。

じつは渡辺酒造店だけではなく、そもそも日本酒業界はジリ貧に陥っていました。それは、日本酒業界が商売の原点を見失ってしまったからだと思っています。

私が思っているその原点とは、「日本酒は人を心の底から笑顔にするものである」というものです。気楽に飲めて、食事と一緒に味を楽しみ、その場が楽しくなるような、よい場所になるのを促すようなものが日本酒なら、一番よいんじゃないかな、と思っているんです。

ところが、いまの日本酒はまるで伝統工芸品のようで、少し神経質になりすぎているように感じます。管理のやり方や扱い方のことばかりを考えながら、本当に純粋な気持ちで日本酒が楽しめるでしょうか。はたして1本数万円のプレミアム化した日本酒は、気軽に飲めるものでしょうか。

心の底から笑顔になれる酒。気楽で、楽しく、うまい、本当の日本酒を取り戻す。そのために最も大切なのはお客さんと直接、つながるということです。お客さんと直接つながらなければ、お客さんが何を楽しいと思うのか、わからないからです。しかし、お客さんの声を直接聞くというのは、他の業界では当たり前のことです。日本酒業界ではまったくと言っていいほど行われてきませんでした。

人里離れた酒蔵にこもり、自分が造りたい酒だけを造る。これでは、本当にお客さんが楽しいと思う酒は造れません。楽しんでいるのがお客さんではなく、造り手になってしまってはワインやウィスキー、ビールなど他のお酒に負けるのも無理はありません。

おいしいのは当たり前のことです。そのうえでお客さんが本当に求めているものを造る。日本酒の原点にあるものを届ける。これが当社の目指す、日本酒の世界です。

私たちは自分たちのやり方を変えたことをきっかけにして、「人々の笑顔のため」を考えるようになって、お客さんの声に真面目に耳を傾けていったからこそ、渡辺酒造店はV字回復、いや、回復するだけでなく、何倍にも成長することができました。

いま、私は「日本酒のワンダーランド」の構想を膨らませています。

私たちの地元、飛騨地方を中心にして、ラグジュアリーホテルやレストラン、エンタメ化された酒蔵や施設の建設など、世界中の人がここを訪れて、日本酒に親しんでもらうんです。私の頭の中には、そんな空想や妄想が手帳に書ききれないほど膨らんでいます。

日本酒を楽しむ文化が世界のあらゆる国や人種、民族に浸透して、孫の代か、ひ孫の代か、玄孫の代になるかわからないけれども、いつの日か日本酒が、ワインのように世界中で愛される存在になることを夢見ています。

こんな夢物語は、ばかにされてしまうようなことかもしれません。でも、私は妄想で終わらせたくない。この本を読んで、「一緒にやってみたい」「目指してみたい」そんな方がいらっしゃったら、ぜひ、やりましょう。

きっと楽しいと思います。

本書が、日本酒が世界に、もっともっと大きく羽ばたくきっかけになることを祈って。

この場を借りて、本書執筆にあたりお世話になった方々へのお礼を述べさせていただきます。クロスメディアグループの皆さま、特に金子樹実明さんには、本書の企画から編集、校正や販売のあらゆるプロセスにおいて大変お世話になりました。

また弊社、渡辺酒造店の社員・スタッフたちの並々ならぬ努力の数々、そして関係者、取引先の皆さまの甚大なご支援とご協力に、最大限の感謝を伝えます。

最後に、いつも私を支えてくれている妻に、心より感謝します。

2021年9月吉日

渡辺酒造店 代表取締役 渡邉久憲

目次

第2章 地獄からのV字回復！ 9代目当主、誕生前夜

第3章

経営を加速させるエンタメ化経営の真髄

終章

夢は〝日本酒が世界でワインを超越すること〟と〝日本酒のワンダーランドを作ること〟

第1章

「エンタメ化経営」で日本酒の原点を取り戻す！

起死回生を期した4つの改革

1870年に創業した渡辺酒造店は、2020年に150周年を迎えました。

創業してから私が入社するまでの間には、たくさんの危機があったみたいなんですが、33歳だった私が専務取締役となって経営を預かった2001年はそれまで以上のどん底にありました。

私が修業先の酒蔵から戻って渡辺酒造店に入社したのは29歳の頃のことでした。その時は4億円ほどの売上があったのですが、そこからの4年で3割減の2・6億円にまで落ち込んでいたんです。

不振の要因として大きかったのは、酒類販売業免許の改正によるものでしたね。規制緩和によって、日本酒業界でも量販店が台頭してくるようになったんです。それに伴って、古くから付き合いのある酒屋（酒販店）さんも量販店に鞍替えしたため、私たちもそこに卸していました。

ところが、他の酒販店や、問屋からの猛反発に遭ってしまい、量販店へ卸すことを断念せざるを得なくなりました。この量販店との取引額はけっこう多かったので、もともと日本酒業界全体がジリ貧という状況の中で、追い打ちをかけるような形で売上減につながってしまったのです。

追い詰められた私は、「なんとかうまく打開する方法はないものか」と考えて、考えて、考え続けた末に、いくつかの改革を打ち出すことができました。

それをまとめると、次の４つになります。

1：国内外のコンテストに出品し、第三者からの客観的な評価をＰＲに生かす
2：お客さんが本当に求めるものを知るために、直接のつながりを持つ
3：日本酒を体験としてエンターテインメント化し、日本酒の原点を取り戻す
4：造り手が造りたいものではなく、お客さんが心から求めている味わいを創る

「品質だけ改善してもダメなんだ……」

この４つの項目を見て、「味の改善はしなくてもいいの？」と思った方は多いかもしれませんね。じつは、私が専務取締役となって経営面を見るようになる前に、

この点についてはすでに取り組んでいました。

渡辺酒造店の酒造りに関しては、大きく方針を転換したところがいくつかありました。

まずひとつは、糖類を添加しないことにした、というところです。当時の渡辺酒造店のお酒には、糖類を添加していました。糖類とは、正しく言えばブドウ糖液のことです。酵母のエサとなるブドウ糖を外から加えてあげるんです。

法律的には認められていることですから、悪いことではないんですが、純粋にお米だけの味ではないものになってしまう点が玉にキズです。ブドウ糖液を添加すると、当然、純米酒とは言えなくなりますし、吟醸酒と表示することもできません。

「よいお酒を造ろう」という方針転換で、まずはここを変えました。

また、原料のお米も一般的な加工用米といううるち米を使っていましたが、これを全量、「ひだほまれ」という日本酒専用に作られた米（酒造好適米と言います）に変えました。

お米の精米歩合も、玄米を１００％とすると、従来は75％だったものを60％にしました。健康志向の高まった現代は玄米を食べる人が増えてきましたが、玄米はそのままでは食べにくいので通常は精米します。つまり、米の外側を削るわけです。この外側はビタミンや、カルシウムや鉄分などミネラル、脂肪分などの栄養価が高いのですが、いまは削って糠にしています。

かつておかずがあまりなかった貧しい時代は玄米で食べて栄養を得ていましたが、いまは他に食べるものがたくさんあるのでどんどん精米歩合が高まっています。最近では主流となった無洗米は白米の外側をさらに削ったものです。

たんぱく質、脂肪分、ミネラルなども酵母のエサとなるので、栄養価が高い米を原料にすると発酵が旺盛になりすぎてしまいます。発酵が行き過ぎたお酒は、うま味が少なく雑味の多い酒になってしまうわけです。だから、発酵はほどほどがよく、それには酵母もほどほどに働いてもらうのがいいので、精米歩合を高めたというわけです。

こうしたことを踏まえて、「糖類添加の廃止」「原料米の変更」「精米歩合を高める」という3つのポイントで改革を進めようとしました。でも、問題があったんです。

それはコストの問題でした。

ブドウ糖液を添加しないのならば、そのぶんの糖が必要、つまり材料であるお米の使用料が増えてしまうんですね。

加工用米でなく酒造好適米を使うのもそうです。加工用米というのは米菓や味噌の原料などとして使われているお米ですから、価格が安い。これに比べて酒造好適米は当然、値が張ることになります。

精米歩合を高めた場合も、原料であるお米をたくさん使用しなければならなくなるので、そのぶんコストが上がります。そうして精米歩合を50%以下にまで高めると、いわゆる大吟醸とよばれるお酒になります。だから大吟醸は高価なお酒なんです。

コストが上昇するので、そこをどう判断するかは経営者の決断が問われます。私の提案を聞いた父は、後継者の私がやることだからという認識だったのか、大した反対もなく「まあ、やってみなさい」ということになりました。

「商品を売る技術」も必要

私は29歳になるまでに、お酒の製造に関する研究所で学んだり、長野県や広島県の酒蔵で修業してきていましたから、どうすればうまい酒を造ることができるか、自分なりの考えがありました。それをすぐに実行に移していったので、自分でも納得できる味に近づけていくことはできたんです。

だから確実に品質、味はよくなっているという実感がありました。にもかかわらず、前述したように規制緩和もあって売上はどんどん減っていくわけです。品質は上がっているのに、売上が下がっていくことの切なさといったらありません。

ここで初めて「品質を向上させるだけではダメなのだ」という思考が、私の脳裏に深く刻み付けられた。

それまでは「うまい酒を作れば、放っておいても売れていくだろう」と思っていました。私の場合は酒蔵での修業時代、実際に酒造りの現場で蔵人として働いていましたから、そうした職人気質が備わっていたんですね。

ところが、品質改善をしても売れない。売れないどころか売上が減っていく。ということは別の問題がある。「これは『造り方』ではなく、『売り方』に問題があるのではないか。」そんなふうに考えるようになっていったんです。

品質向上はもちろん、何よりも大事なことなので続けていくつもりでした。味がおいしいのは大前提ですから、それはそれで欠かせない車輪のひとつであることは確かなんです。だけど、もうひとつ、車輪が必要なはず。

それは、「商品を売る技術」なんじゃないか――。

もしそうなら、品質向上と併せて売る技術を磨き上げないといけない。この両輪が揃って、初めて会社が前に進むと考えたんです。

考えてみれば、あらゆる業界で同じことが起こっているような気がします。「技術はあるはずなのに、売上が増えない」と。それはきっと、売り方に問題があるんです。

大きな視点で見れば、バブル崩壊からネットの普及という激動の時代を経て、ビジネス環境が大きく様変わりしてきました。人々の生活様式が変わって、ニーズも変わり、消費行動も変化してきています。本当は、それに合わせて技術を高めるだけでなく、「売り方」も進化させていかなければならないはずなんです。

私は窮地に追い込まれたことで、ようやくそのことを痛感したのです。

改革① 国内外のコンテストに出品し、第三者からの客観的な評価をＰＲに生かす

売り方の改革としてまず行ったのは、国内外のお酒のコンテストに出品することでした。

日本国内では日本酒のコンテストとして、品評会や鑑評会がたくさん行われています。そうしたコンテストでよい成績を収めることができれば、業界内外に対して品質をアピールすることができますし、何より宣伝効果があるだろうと思ったんです。

業界で最大とされるコンテストは、国内では古くから続く「全国新酒鑑評会」です。ここで金賞を受賞できれば、蔵の評価が上がるということは業界内ではよく言われていました。

ただ、ここで金賞を獲ったとして、業界内での評判は上がるかもしれませんが、

果たして本当に一般のお客さんの評価につながるのだろうかという疑問がありました。

そんなことを考えながら、様々なコンテストを見ている中で目に留まったのが、モンドセレクションでした。

モンドセレクションはベルギーに本部があり、お酒に限らず、スイーツなどさまざまな分野で商品を審査する国際的な評価機関です。ここで金賞を獲って、プレスリリースをかけて、新聞に掲載するほうが、よりお客さんにアピールできるのではないかと考えました。じつは、ビール業界ではすでにそれをやっていましたしね。

実際に出品してみたところ、ラッキーなことに、初年度から金賞を受賞することができました。そして、飛騨地方の地方紙である岐阜新聞や中日新聞といったところにＦＡＸで受賞を報告すると、予想通り取材の依頼が来て、記事にしてもらうことができました。

地方紙の影響力というのは予想以上の底力がありまして、お祝いの電話や祝電をたくさんいただけるようになりました。

じつはモンドセレクションには、金賞の上に最高金賞というのがあり、最高金賞、金賞、銀賞、銅賞と４つのランクがあります。審査基準は「味覚」「衛生」「パッケージに記載されている成分表記などが正しいか」「原材料」「消費者への情報提供」等の各項目の点数を加算し、総合得点でカテゴリーごとに評価されるようになっています。

ですから当然、エントリーすれば誰もが金賞を得られるようなものではありません。とはいえ、たくさんの出品の中からどれかひとつだけ選ばれるわけではなく、ある基準に達していればもらえる賞なので、めちゃくちゃ難易度が高いわけでもない。そういう細かい点はあまり気にされず、「海外で評価された」という事実だけが発信されるので、ＰＲ効果は高いと、こういうわけです。

その後は国内外の18のコンテストに応募して、1年で50を超える賞を獲得して、渡辺酒造店は「コンテスト荒らし」になるのですが、振り返ってみれば、その第一歩がモンドセレクションでした。

そうして、まずはモンドセレクションでうまく金賞を獲れたことで、売上の下がり幅が少しずつ改善されていきました。抜本的に売上が上昇するまでの策にはなりませんでしたが、逆境の中でのポジティブな出来事だったので、社内のモチベーションも上がり、改革への意欲が増していったことを覚えています。

改革② お客さんが本当に求めるものを知るために、直接のつながりを持つ

ひとつの手応えを掴んだコンテストでの受賞ではありましたが、このまま手を止めるつもりはありませんでした。

「もっともっと良い売り方はないかな」と日々、思案するなかで、ふと、「本当にお客さんが求めているものって、なんだろう？　まずはここを知る必要があるんじゃないだろうか。だったら、直接のつながりを持つところから始めてみよう」と考えました。

飛騨高山はもともと、観光地としての人気は確かなものがありました。そこから少し足を延ばすと飛騨古川という街並みが見えてきます。高山ほど観光化されておらず、静かで風情のある町ということで、年配の観光客には定評がありました。

「そういう風情のある小さな町に価値を感じる人たちが、私たちのお酒をどう評価してくれるのか。その人たちに受け入れられるものを造ることができれば、ブランドイメージが作れるのではないか」

そんなふうに考えたんですね。

そこで観光客にお酒を買ってもらうには、渡辺酒造店に立ち寄ってもらうのが手っ取り早いと考えて、「どうにか酒蔵に誘導できないだろうか」と思案しました。とにかく、まずはお客さんとの接点を作らなければいけない。そこで思いついたのが、「街歩きマップ」を作成することでした。

「主要駅の脇にある観光案内所に置かれているような観光マップを、自分たちの手で作ってしまおう！」というわけなんです。飲食店やお土産屋さんを手描きのイラストで紹介しながら、最終的に渡辺酒造店にたどり着くようにした「誘導マップ」です（笑）。

こうしたマップは置いておくだけでは見向きもされないで風化してしまいますから、飛騨古川駅の駅前で私が自分で手配りもしました。

また、街歩きマップと一緒に「蔵便り」も作って一緒に渡していきました。この蔵便りには、酒蔵の四季折々の話や酒造りのこと、あるいは地元の郷土料理の情報などをイラストつきで描き込みました。

そこから、私たちの蔵に立ち寄ってくださったお客さんの名前と住所、電話番号をどうやってゲットするかを考えました。

お酒を買ってもらうこと自体は大変嬉しいことですが、その場限りの関係になってしまっては先がありません。飛騨古川は飛騨高山のように、そこまで大きな観光地ではありません。つまり、何度も訪れるような場所ではないんですね。だからこそ一人ひとりのお客さんがすごくすごく貴重なんです。

もし、お客さんリストを得ることができたら、その人が自宅に帰ったころに手紙を出せば、またリピート購入してくれるのではないかという狙いだったんです。

ただ、いかにして名前、住所、電話番号をゲットするか。個人情報の取り扱いがうるさくなってきた時代でもあったので、じつはお客さんはなかなか簡単には住所や電話番号を書いてくれなかったんですね。

ただし、宅配便を利用するお客さんの場合は、自然とこれらの情報を得ることができます。そこで「送料を安くするので、送られたらどうですか」といってなるべく宅配便を利用するように提案していました。

また、「毎月抽選で3名様に飛騨牛が当たります」とか、「大吟醸が当たります」などといったキャンペーンを実施して、少しずつ名簿を集めていきました。

こうして地道にリストを充実させていき、そこからいよいよリストの住所宛てに次々とダイレクトメールを出していきました。「季節のお酒、いかがですか」といってチラシと蔵便りも同封して、リピートしてもらおうというわけです。

また、同時に飛騨牛や大吟醸のキャンペーンに応募する際には、アンケートにも答えてもらうことでお客さんの声も集めていきました。

というのも、酒蔵にはエンドユーザーの声が届きにくいという業界の構造の問題があるんです。考えてみれば変な話ですよね。造っている人が、飲んでいる人の感想やどう感じているかがわからない、なんて。

従来、蔵元にとってのお客さんといえば、酒販店や問屋のことでした。一般のお客さんとの接点がそもそもありませんから、商品の評価は酒販店から伝え聞くことしかできなかったんです。

ですから、お客さんが本当に求めていることをキャッチできない、というところに、渡辺酒造店が苦境に陥った理由があるのではないかと思っていました。

そうした地道で着実な努力が実ったおかげで、自分たちが収集したリストでダイレクトメールを送ったお客さんたちへの直販の売上比率がグングン高まっていきました。

「これはイケる……！」そう思った私は、会社のスタッフ全員に号令をかけて、「名簿リスト１件あたり１００円」の奨励金を設定して、これまで以上のペースでお客様のリストと声を集めていきました。

じつはこの時、私は「名簿1件あたりの価値は1万円」と試算していました。「名簿が一人増えるたびに、売上が1万円増えるんだ」という考えがあったからです。

たとえば1万人の名簿があると仮定して、1万人のお客さんに年間5回、手紙を送るとしますね。1回あたり、20％のお客さんにご購入いただけたとして……客単価が1万円とすれば年間1億の売上増が達成できる。そんなふうにそろばんをはじきました。

この取り組みを始めて4年経った2008年ごろ、名簿の件数は1万を突破しました。それに応じて売上も思った通りに、ダイレクトメールのお客さんからの売上で1億円を超えるようになりました。

すると、思わぬ効果があって、県外の酒販店から「取引させてほしい」という声がどんどん増えていったんです。じつはこれは、ダイレクトメールのお客さんが口コミで広めてくれたおかげでした。

たとえば遠方のお客さんに渡辺酒造店のお酒を気に入っていただけた、とします。そのお客さんがお酒を手に入れるとなると、配送料がかかってしまうんですね。ですから、そのお客さんは地元の酒販店に「渡辺酒造店のお酒は置いてないの？」と聞いてくださった結果、うちと取引したいという酒販店が増えた、という流れでした。

そうした波及効果もあって、売上の回復がより顕著になっていきつつ、それぞれの取り組みが好循環を生み出すようになっていきました。

改革③　日本酒を体験としてエンターテインメント化し、日本酒の原点を取り戻す

話が少しさかのぼりますが、2007年、お客さん名簿が1万件に迫り、消費者への直販が拡大していたころ、私は「もっと別の方法でお客さんとの接点を持ちたいな」と考えて、「第1回　蔵まつり」を開催しました。

これは、「もっと多くの人に日本酒を知ってほしい、親しんでほしい」という私の想いがきっかけで、「酒蔵が直接、飲む体験を提供したっていいはずだよね。そういう場所を作ってしまえばいいんじゃないだろうか」というアイデアにつながったものでした。

じつは酒蔵というのは、ちょっと敷居が高いイメージがあるようなんですね。蔵

に一歩、足を踏み入れようものなら強面（こわもて）の着物を着たご主人さんがいて……みたいな（笑）。なので、敷居を低くして、地元の人にも、こういう蔵が地域にあるんだよ、というところを見てほしいという思いもありました。

「お客さんの顔が見えない経営はダメだ。徹底的にお客さんとの接点を作っていこう。お客さんが喜んでいる顔を見て、会話をして、『おいしかったよ』と言われるような場所や体験は、私たちにとっても大切だろう」

と、考えたんです。

酒蔵の中で酒造りをしている職人もそうですし、お酒を梱包するスタッフもそうです。やっぱりお客さんと直接交流して、喜んでくれる人の顔が見えたり、思い浮かべたりできれば、仕事に対する向き合い方も、おのずと違ってきますから。

2010年の第4回目の蔵まつりでは、初めて芸能人を呼んで、盛り上げてもらいました。

そのゲストは当時、吉本新喜劇で有名な島木譲二さんでした。

島木さんはすごい人でした。常に、本当に常にエネルギー全開なんです。イベントのステージはもちろん、昼に食べたステーキの飛騨牛が見たいとのことで連れて行った牛舎の前で、お酒が発酵しているタンクに向かって、いたるところでパチパチパンチが炸裂していました。

その場にいた人たちがはじけるような笑顔を見せていた光景を、私はいまでも鮮明に思い出せるんです。きっと、酒蔵を訪れてくれた人たちがそんなふうに笑った記憶は、その後も楽しい体験として残っていくに違いありません。

蔵まつりのあとの打ち上げは、社員一同、島木さんの話でもちきりでした。そして、誰かが「社長！　SAKE is Entertainmentですね！」と言ったんです。

島木氏のステージでの一幕。
後にも先にも、あんなにパワフルな人は見たことがありません。

じつは、これがエンタメ化経営のきっかけでした。

おもしろチラシでライト層にアピール

売り方の話に戻しますね。

島木さんからヒントを得た「お客さんが笑顔になれるための体験」として、さらに別の方法を考えた結果、いままでにないチラシを作ることになりました。「売る技術」を高める。そこで大切なのは、やはり宣伝方法です。お客さんに向けて告知するアイテムとして、当時は紙媒体が主流でしたので、年に5～6回、お客さんたちに送るダイレクトメールに商品チラシや蔵便りを入れていたことは先述の通りですね。

これに加えて、「飛騨スポーツ新聞」というものを考えました。通称「飛騨スポ」はもちろん、正規のスポーツ新聞ではなく、渡辺酒造店が作った新聞です。

チラシを観光客へ手配りで渡していて気付いたことがありました。それは、商品がただ掲載されているだけのチラシではまったく読んでもらえない、ということです。「まずは読み手の興味を引きつけることに注力しよう」と考えました。インパクト重視のチラシを作ろうというわけです。

そこで思い付いたのがスポーツ新聞風の見出しを一面にしたチラシでした。

一面には「衝撃写真公開！　カッパ出現」とか「独占スクープ！　ＵＦＯ来店」などと、日本酒とあまり関係ないような、おもしろく読み飛ばせる内容にして、裏をお酒の記事にしています。

一面に、「マイケルは笑った」と大書して、「マイケル・ジャクソンはじつは生きていて、渡辺酒造店にお酒を買いに来たぞ」「やぁ、ひさしぶりと言ってマイケルは笑った」という記事を書いたこともありました。もちろん、ほとんど架空のお話です（笑）。

その他にも以下のような見出しの飛騨スポを制作しました。

「謎のマスクマン乱入！　杜氏に挑戦状」
「衝撃！　妖怪タコ人間」
「独占スクープ！　トランプ氏極秘来店！」
「都市伝説の真相、ついに解明【衝撃】妖精写真！　15センチおじさん」

「飛騨上空に！　龍　衝撃写真」

「衝撃写真　竜の化身か!?　人面魚発見」

「初公開写真!!　酒蔵の杉玉に止まったＵＦＯ」

「衝撃写真公開！　飛騨古川にビッグフット出現」


これには型があって、「ＵＭＡ（未確認生物）×老舗酒蔵×蔵人キャラクター」という公式に当てはめながら、エピソードを創作し続けました。チラシに登場する人物はすべて社員やお客さんたちです。

この常識から外れたインパクトを持つ飛騨スポは狙い通りの反響を呼び起こしてくれました。「カッパ出現！」のチラ

飛騨スポの一部です。一体、誰がお酒のチラシだと思うでしょうか……（笑）

シを地元新聞に折り込んだ日には、カッパを生け捕りにしようと虫取網をもった小学生が大勢詰めかけたり（笑）。チラシだけ欲しいというお客さんまで出てきたほどでした。

さらには「カッパ出現！」の紙面は、『商業界』というビジネス誌のチラシ大賞まで受賞しました。

「この飛騨スポ、県外の酒販店にも送ってみよう！」ということでばらまくと、「ふざけるな！　もう二度と送ってくるな！」とお怒りのクレームのお電話をいただいたこともありましたが、「おもしろかった！　どんなお酒を造っているのか詳しく聞きたい」という電話もあり、だんだんと取引が増えていきました。

打ち手を止めないことが思わぬ効果につながっていく手応えを、ますます実感する日々でした。

改革④　造り手が造りたいものではなく、お客さんが心から求めている味わいを創る

造り手が造りたいものだけを造っていたら、お客さんからの支持は得られません。

独りよがりになってはダメなんですね。

私たちはお客さんと直接の接点を作ることで、リアルな声を聞き、それを商品開発に反映させることをひたすら考えていました。

街歩きマップを見て酒蔵を実際に訪れてくれた観光客に、蔵の中を案内するということも行っていきました。当時、蔵を訪れたお客さんの中で希望する方には、奥のほうにある樽まで見てもらっていました。

２００３年の初夏、観光でいらした70歳ぐらいのナイスシニアの男性に蔵の中を案内していた時のことです。突然、男性が「あのお酒はなんだ⁉」というんです。男性が指をさした方を見ると、酒蔵の片隅に、一升瓶を新聞紙で巻いた状態で貯蔵、保存していたお酒がありました。それは秋に行われる日本酒のコンテストに出品するために取っておいたお酒でした。

新聞紙を巻いておけば、直射日光を防ぐことができます。日本酒は紫外線にあたると味が変わってしまうので、新聞紙で巻くのが保管する方法としては一番いいとされており、業界では昔から採用されていた方法でした。

「これ、じつはお酒のコンクールに出品するお酒なんです」と言うと、「ぜひ売ってほしい」と。「金に糸目はつけないから、売ってくれ」とまでいうんですよ（笑）。

「絶対アレはおいしいに違いない」という神秘的な何かを感じてもらえたんでしょうね。

全部で一升瓶が30本あったんですが、なんと、「全部売ってくれ。1本1万円でどうだ!?」とまでいうのです。しかし、それを売ってしまうと秋にコンクールに出品するお酒がなくなってしまうので、非常に心苦しかったのですが、丁重にお断りしました。

ただ、そこで、「なるほど、お客さんっていうのは、こういうのが魅力的に見えるんだなあ」と気づいたんですね。蔵の片隅にひっそりと置かれているような、新聞紙に巻いてあるようなものが魅力的に見える……それはいったい何なんだろうと考えて、思い浮かんだのが「秘蔵感」という言葉でした。

蔵の隅に新聞紙を巻かれて静かに置かれていると、いかにも「秘蔵の酒」という感じがしますからね。

大観光地ではない飛騨古川にひとりで旅に来て駅を降りる。ふと、気になった老舗のうらぶれた酒蔵に入ってみる。そこの主人に案内してもらった蔵のなかで、新聞紙が巻いてある無造作に置かれた酒を見つける。

「こういうストーリーも含めて、それが付加価値になるのかもしれない」と思ったんです。飲む時にも「これ、実は老舗の酒蔵の隅にあったんだよね。新聞紙で巻かれていてさ」と話ができますからね。

ライトな日本酒ファンなら、そこに魅力は感じないでしょうけどね。各地の酒をさんざん飲みつくして、それでもまだ全国にはうまい酒があるのではないかと探しているような、コアな日本酒ファンには絶対刺さるに違いない。

そう考えて、さっそく新聞紙で巻いたお酒を、新商品として売り出そうということになりました。

これが2004年に「蔵元の隠し酒」という商品となり、大ヒットになりました。

いまではうちのマネをした「新聞紙を

改めて見ると、いかにも秘蔵感たっぷりな雰囲気がありますね（笑）

巻いた酒」はいくつかありますが、当時、日本酒を新聞紙で巻いて販売するのは私たち渡辺酒造店が初めてでしたね。

お客さんの声から生まれた「ガリガリ氷原酒」

お客さんからアンケートを募るなかで、ある女性の方からすごく興味深い回答をもらったこともありました。

「私は日本酒がすごく大好きで、蓬莱のファンです」という冒頭に続いて、「私は冷酒で飲むのが好きなんですけど、これから夏になるので冷蔵庫のなかは子どものジュースとか、主人のビールとかウーロン茶でいっぱいなんです」と書いてありました。

「お酒を冷やすスペースがないから、常温で保存できて、氷をコップに入れてオン・ザ・ロックで気軽に楽しめるお酒を造ってください」というんです。

一瞬、「無茶を言うなあ」と思ったんです。でも、「いや、待てよ」と。

私たち造り手は、ついつい「お酒は冷蔵庫で冷やして、冷酒で飲んでください ね」というけれど、お客さんの冷蔵庫事情なんかぜんぜん考えてこなかった。確かに言われてみれば、冷蔵庫の中に数本の缶ビールならまだしも、日本酒の瓶を入れるスペースはなかなか作れませんよね。声を聞いて初めて、リアルな冷蔵庫事情や、食卓の風景が浮かびあがって見えてきたんです。

この方は家事と育児に追われる日常を過ごしていて、夜のほんの数時間だけがホッと一息つける時間なんじゃないだろうか。だったら、その時に冷酒でリラックスしてくれているんだろうな、とそんなシーンを勝手に想像したんです。

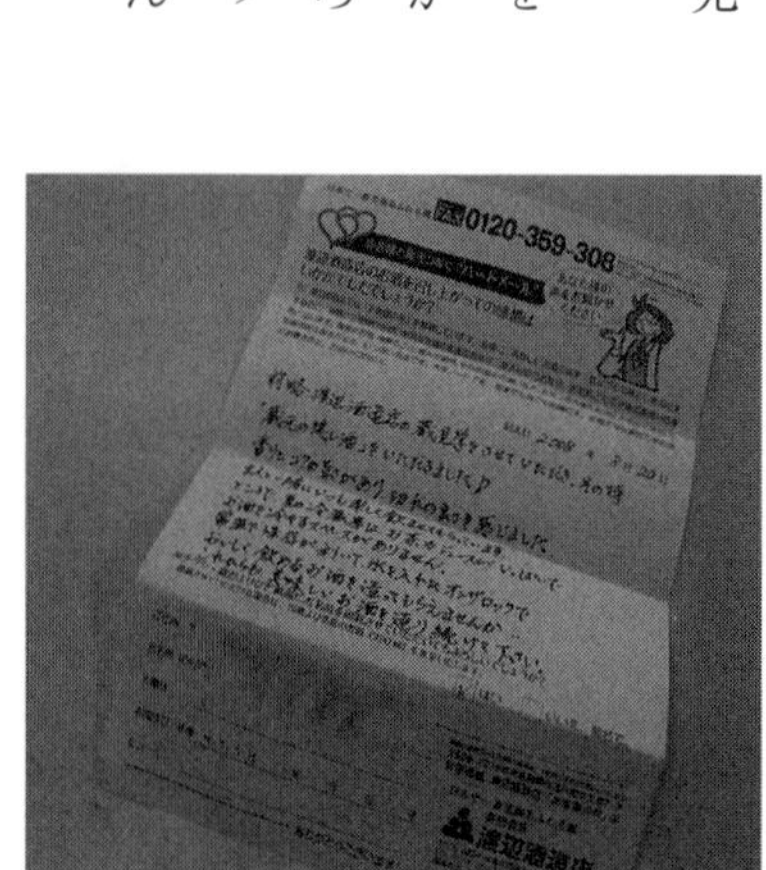
0120-359-308

渡辺酒造店

そんなイメージと、この手紙をきっかけにして造ったのが、オン・ザ・ロック専用の日本酒「ガリガリ氷原酒」でした。その開発秘話として、こういうお手紙をもらいましたという話も添えてアプローチすると、他のお客さんたちも「わかる！」「そういうのがあるともっと気楽に飲めそうだよね」と共感して買ってくれるんです。

こうしたヒット作があって、売上はどんどん拡大していきました。

日本酒業界が見失ったものを取り戻す

私たち渡辺酒造店が経営難に立ち向かおうとして、これら4つの改革を無我夢中で行っていく中で徐々に見えてきたのは、日本全体でビジネスの環境が変化しているにもかかわらず、日本酒業界は旧態依然としたまま取り残され、本来の姿を見失っている、ということだったんです。

見失った最初のタイミングは恐らく1960～1970年代の高度経済成長期

だったと思っています。工業化による大量生産がもてはやされた時期で、日本酒業界もその例外ではありませんでした。

大量生産のために効率を求めた結果、「安くてまずい酒」が世の中に溢れるようになってしまいました。安くてまずい、なんて本当にひどいですよね（笑）。だから当然、消費者からそっぽを向かれるようになって、ビール、焼酎、ワインなど、他のお酒との競争にも負けてしまいました。

次が「高級化」です。２０００年代になると、工業化の反動で一升瓶１本、１万円以上という日本酒がいくつも出てくるような高品質・高価格の酒ブームとなりました。

そこから２０１０年代になると、「高級化」はさらに先鋭化して「芸術化」していきます。全国各地の造り手が、こだわりの酒を次々と生み出していきました。

高品質・高価格であったり、造り手のこだわりの酒を造ったりすることが悪いことだとは思わないんです。多種多様な商品が生まれて、市場も盛り上がる要因になると思うんですね。

でも、そればかりになるのもどうなのか。

そしてそれは、日本酒が持っていた本来の世界からかけ離れているのではないか。

日本酒の特別感ばかりが増していくと、正月であったり、お祝い事や記念日など、特別な日にだけ飲むものになってしまうことだってあり得ますよね。そうすると、日本酒の敷居が高くなってしまいます。それは本当によいことなのか。

本来の日本酒はもっと気安く飲めて、もっと生活に密着したものだったはずです。ここを原点として、日本酒はどんなふうに進化すれば、お客さんも造り手も、そして業界全体も盛り上がることができるんだろう。

私たちは、そんなことを考えながら日本酒の本来の世界・文化というものを取り戻していきたい。それができたら、日本酒がワインのように世界中の人々に受け入れられるものになる日が来るのは、そんなに遠くないはずです。

不振の本質は「お客さんが求めるものを見失った」から

かつて、渡辺酒造店が苦境に立っていた理由は、先ほど話した業界の問題と同じでした。お客さんが求めるものを見失っていたんですね。

日本酒業界が本来の姿を見失ったように、私たちもお客さんがどんなものを求めているのかわからなくなっていました。

お客さんのニーズを知るには、お酒を飲んだ感想や率直な意見を聞くことが必要ですが、そもそも地酒の酒蔵というのはどこもお客さんとの接点を持っていないものです。メーカーは卸問屋や販売店に対して商品を卸すので、かつての私たちにとっての〝お客さん〟とは、卸問屋や販売店でしかありませんでした。

バブル経済がはじけるまでは社会全体が押し上げられていましたから、そうしたやり方でもなんとかなっていた。ところが、それを長年続けた結果、バブルがはじけ、インターネットが普及し、酒類販売業免許の規制緩和といった変化が起こると、その問題が浮き彫りになっていきました。

酒類販売の規制緩和は、渡辺酒造店の不調のきっかけのひとつに過ぎず、これがなかったとしても遅かれ早かれ経営難は訪れていたことでしょう。

私たちの酒蔵の不調の本質は「お客さんが求めているものを見失ったから」に他ならなかったんです。

たどりついた3つの経営戦略

本当にお客さんが求めているものを探っていく中で、「エンタメ化」というキーワードが浮かび上がってきました。

コアな日本酒ファンだけでなく、広く世間にアピールするにはお高くとまっていてはダメで、興味を引きつける要素が必要です。私たちにとっては、それが「蔵まつり」で芸能人を呼ぶことであったり、「飛騨スポ」をばらまいたりすることでした。

こうした施策によって、お客さんへの直接販売の比率が高まりました。これに伴って、当初は電話やはがきによって注文を受け付けていましたが、いまはECでの販売がその主流になりました。

また、かつては流通エリアが飛騨地方だけだったものが、エンタメ化経営により県外へと広がっていきました。個人のお客さんのニーズをとらえたことで話題となり、口コミで評判となったために県外の販売店から引きあいが増えたんです。

さらには、ＳＮＳを駆使したマーケティングも行うことで、商圏はさらに全国へと広がっていきました。

結果、直接販売と、酒販店への卸しの2方面で取引数が増えていき、売上増につながっていきました。

つまり、まずは、日本酒をエンターテインメントとしてコンテンツ化しました。そして、エンターテインメントを通じた演出によるブランディングで直接販売の比率を上げて、高利益率を実現したのです。

この2段階で売上増が達成され、経営危機を乗り越えることができたわけです。

なお、このエンターテインメントの演出において、私たちは「県内の顔」「県外の顔」「WEBの顔」を使い分けていて、これを「三重人格経営」という名前で呼んでいます。

そして私たちは、ここからさらに発展させて、グローバルに展開するということも進めているのが、いまです。英語、中国語、フランス語のできる外国人を社員に登用し、「世界に売っていこう」ということをたくらんでいます。

要点をまとめると左記のようになります。

3つの経営戦略

1. 日本酒をエンターテインメントとしてコンテンツ化する
2. 1を通じたブランディングで直接販売の比率を上げ、高利益率を実現する
3. グローバルに展開する

これら3つの段階がさらに大きな規模になっていく未来。

世界中で親しまれているワインの立ち位置を、日本酒が奪い取るような存在になること。

渡辺酒造店が目指しているのは、ここなんです。

第2章

地獄からのV字回復！9代目当主、誕生前夜

同調圧力が作る消費行動でできあがった地方経済

私が高校卒業まで過ごすことになる飛騨古川町は岐阜県の最北端にあり、周りを見渡せば標高3000mを超える北アルプス、飛騨山脈という山々にぐるっと囲まれた山間の古川盆地に位置します。

岐阜県の県庁所在地である岐阜市から車で2時間半、愛知県名古屋市からだと3時間かかります。飛行機でも一番近いのは富山空港で、それでも1時間半かかります。どこからも離れている陸の孤島と言われている地域なんですね。

そんな飛騨市古川町は城下町として発展しました。町は碁盤の目のように町割りされ、古い町屋がいまも残る「飛騨の奥座敷」と呼ばれる、風情ある街並みが特徴です。

中世は支配していた国司が分裂して対立していましたが、戦国時代になって三木氏が飛騨を統一します。しかし、本能寺の変の後、三木氏は佐々成政に味方し、秀吉と対立したため、秀吉の家臣である金森長近の侵攻にあって滅亡、飛騨は豊臣家が支配するようになります。その後、金森長近の養子だった金森可重が配置され、この街を整備、発展していきました。

昔から城下町として発展してきたことが色濃く現れている地域で、それは住民の特性にも反映されているように思います。

たとえば、どの田舎の地域もある程度、そうした傾向はあると思いますが、古川町は特に経済においては田舎の互助的な意識を強く持っています。助け合いの精神が根づいているわけですね。

古川町のような交通の要衝でない地域では、簡単に人が移動することはできませんから、食っていけなくなったとしても簡単に移住することはできません。すると、その地域の中でなんとか生き延びようとする。だったらお互いに助け合うしかないわけです。

モノやサービスは、まず知り合いの店で済ませるのが基本です。散髪でも飲食でもなんでもそう。まず知人友人の店に行く。それがなかった時に初めて他の店が選択肢に入ってくるんです。

だから個人の消費の大半は、人間関係が起点になっているわけです。おしゃれなカフェに行くより、知人が経営している喫茶店に行く。人との付き合いに配慮して、行きたくもない近所の床屋さんに並んでても行く、ということだってあります。

そういうところをとらえて都会の人からは「地方の人は地元愛が強い」と言われるし、本人たちもそう自負しているのですが、その本質は、じつは一般的に理解されているより非常に複雑なんです。

「地元が好き」ということの裏側には、「そこに住む人間関係に波風を立てないためのルール」があるんです。これを皆で守りましょうね、ぬけがけはナシだよ、ということ。

とにもかくにも人間関係を壊さないことが第一義とされる消費行動ですから、商品やサービスのよし悪しは二の次になっていくという面があります。

助けあいということですから、好ましい面である一方で、同時に息苦しさを感じるものでもあります。地方の田舎町でずっと暮らしている人は、この点がある程度、共感してもらえるのではないかと思います。その利点もわかりますし、よさもあるのですが、私はそこをあえて「同調圧力経済」と呼んでいます。

息苦しかった子ども時代

幼少期だけ地元で過ごした人には少しピンとこないかもしれませんね。私の場合は、酒蔵の４人兄弟の長男として育ちましたから、そうした「空気」を如実に感じるわけですよ。だから、子どものころから、人間関係の息苦しさみたいなものは常にありました。

老舗の酒蔵の長男ですから、必然的に「お前が跡継ぎだよ」というふうに家の中でも外でも言われて育ちます。自分の意志と関係なく人生が進んでいくことに窮屈さを感じて、すごくイヤでした。

小学校5年生の時に書いた作文があります。テーマは、よくある将来の夢についてなんですが、そこにはもう痛々しいぐらいにストレスを感じている様子が見てとれるんです（笑）。最後は「弟が羨ましい」とまで書いてあるんですから！

それに反発して、当時、流行っていたテレビドラマ『太陽にほえろ！』を見て「刑事になりたい！」とふと思ったこともありましたが、現実的には、そんな選択肢はないのだとわかっていました。それに、生まれ故郷を離れて自分が生活していくイメージもあまり湧きませんでしたからね。

そういう息苦しさを感じながらも「継ぐしかないんだろうな」という、ある種の覚悟……というより、諦めを持ちながら育っていったんです。

高校は地元で進学校とされているところへ、一応、進みました。

入学してすぐ、1週間目くらいのことだったと思いますが、隣の高校の生徒と喧嘩して謹慎になってしまったことがありました。やられた方の学校のメンバーは収まりがつきませんから、1カ月くらい追い回されました。駅で待ち伏せされたこともあります。しまいには、学校に30人くらい、金属バットを持った人たちが押しかけてきたこともありましたけど、私は裏口から逃げて難を逃れました。

ヤンキーではなかったんですけどね、当時は尾崎豊の歌がヒットしたり、『ビー・バップ・ハイスクール』が流行ったころでもありましたから、そういうものに憧れがあったのは事実です。まあ、たまっていたウップンがそういうところに出たのかもしれませんね。

蔵人たちに囲まれて育つ

酒蔵の職人さん、いわゆる蔵人というのは冬季の仕込みの期間は住み込みです。寝起きするスペースはもちろん別々ですけど、食事をする場所やトイレは共有だし、食事も一緒にとります。同じ屋敷の中で生活を共にするので、賑やかな家ではありました。

酒蔵は朝が早いんです。早朝6時には酒造りの原料となる米を蒸します。その蒸した匂いが家中に立ちこめる。そういった匂いだったり、アルコールができる時の発酵の香りであるとか、そういったものが幼少時の記憶として深く刷り込まれています。

また、そういう様子を見に行くと、いわゆる杜氏と呼ばれる、職人のリーダーがひねり餅という、蒸して炊きあがったお米を取り出してお餅を作ってくれたものでした。人形の形をしたお餅を作ってくれたことが、すごく楽しい思い出として残っていますね。

蔵人たちはみんな優しくて、彼らが息抜きに、夜パチンコに出かけていって、パチンコの景品のチョコレートをくれたりしたこともありました。そうやってかわいがられて育ちました。

高校生の時には家の酒蔵でアルバイトもしました。冬休みに入って年末にかけては忙しい仕込みの時期に手伝うんです。

卸したお酒を業者の倉庫に運ぶ仕事です。ドライバーがいて、その隣に乗り込んで、お酒の荷物を下ろしたり積んだりするのを手伝います。いわゆる、ルートセールスです。ドライバーがお酒を運びながら酒販店を巡回して、お酒を営業して納品していくような仕事の補助です。

私の父は蔵の座敷にお客さんを招いて、お酒でもてなすことが昔からとても好きな人でした。高山市では春のお祭り、高山祭があり、飛騨市古川町でも古川祭という催しがあります。そういったハレの日になると、1日200人を超える取引先や近所の人をお客さんとして招いて、料理とお酒でおもてなしをするんですね。そうした時に座敷に呼ばれてお酌をする、なんてことも子どもの時にはありました。そういった酒席ならではの賑やかさや華やかさは、幼い頃から感じていました。

当時、1970年代から80年代というのは、日本全体が最も成長している時代でしたから、そうした熱気みたいなものも感じていたように思います。

「お酒を飲むと、大人は声が大きくなって、元気で陽気になるんだな」

そんなことを、いつも子ども心に感じていましたね。

放蕩の日々

高校を出た後は、経理の専門学校に進むことにしました。

親からは大学に進学してほしいという希望を伝えられてはいましたが、いかんせん成績が追いつかない（笑）。高校はほとんどドロップアウト状態で全然勉強していないので、大学を受けたといえば受けたのですが、悲しいかな、まったくどこにも引っかからなかったんです。

経理の専門学校を選んだのは、将来、経営の道を意識して……などということはまったく関係なく、とりあえず地元から離れたかったからでした。

飛騨市から外へ進学、就職する人は、大阪、名古屋が多いので、私も大阪を目指したわけです。

大阪へ行ったら地元から脱出できた開放感を感じました。家業を継がなければいけないのは、一方では自由のない息苦しさの原因になりますが、一方では就職の心配をしなくてすむ気楽さがありましたから、2年間しっかり遊ぼうと思いました。

他の跡継ぎ候補の子弟なら、「一生懸命に勉強していい大学に行き、どこかの一流の商社にでも入って絶対家には戻らないぞ」と考えるものだと思うのですが、私の場合はダメ人間でした（笑）。

麻雀やビリヤードに興じて、遊び惚けていましたから、出席日数不足となって専門学校を強制退学になってしまいました。

それが親にも知られてしまい、仕送りが途絶えてしまいます。しかたなく、アルバイトでつなぐことになりました。それでも懲りずに1年ぐらいは遊んでいました。アルバイトは喫茶店やレストランが多かったですね。それで追い付かない時には、時給のいい肉体労働系の仕事もしなければなりませんでした。淀川の草刈りの日雇いに出かけたこともありました。

賭け事もそれなりにやりました。麻雀とかビリヤードとか人に対しては強かったのですが、パチンコはまずかった。依存性があるなと自分で気づいてからはあまり深みにハマらないように自重していました。

行くところまで行ってしまう人もいますが、私の場合はその手前でブレーキを踏むタイプです。カーブでもアクセルを踏んで突っ込んでしまう人がいますけど、私はポンピングブレーキを踏む（笑）。たぶん、気が小さいんじゃないかと思います。

酒類総合研究所に入講

フラフラしていた私を見かねた父から「そろそろ日本酒の勉強の道に入れ」と勧められたのが、酒類総合研究所でした。酒類総合研究所は、酒蔵の後継者、あるいは従業員が、酒造りの製造について勉強する日本で唯一の施設です。

自分の中でもそろそろまともに人生を歩まなければいけないと感じて、入ることにしました。現在は東広島市に移転していますが、当時は東京北区の王子にありましたから、「東京か！　だったらいいな！」という下心もあったんです。

当時は寮生活で、21歳の私が一番年下でした。多くの研究生は大学を卒業して来ていました。

この研究所は半年コースと1年コースがあって、それぞれ卒業する時に試験がありました。同じ研究室の先輩が、「おい、ナベよ、お前、どうせ勉強してないから、試験の対策もしてないだろ？　ヤバイだろ？」と心配してくれて、「ヤバイっすね」というと、その先輩は「じゃあ、俺が先生のパソコンから答案用紙をプリントアウトしてやるから任せとけ」というんですね。

その先輩は本当に答案用紙を盗んで教えてくれたんです。「ただし……」と先輩は含みを持たせながら、言いました。

「いいか、絶対90点以上は取るなよ。70点台にしとけよ。なぜって、お前みたいなバカが高得点取ったら、バレるに決まってんだから」と。

この先輩の言い方、過去にもやっている常習犯ですよね（笑）。しかし、私はやっぱりバカなんですね。95点くらい取ってしまったんです。問題を知っているわけだから当然です。すると、教官が「どうやらパソコンに誰かが侵入した形跡がある。名前は言わないけれども、カンニングをしたやつがいる可能性が高い」とみんなの前でいうんです。知らん顔していましたけれど、教官はわかっていたんですね。

試験で及第点に達しないと卒業できないわけではないのでお咎めはなかったのですが、「こんな、カンニングなんてする奴は、ロクな蔵元にはなれない！」と言われてしまいました……。結局、酒類総合研究所では一番ビリの成績で、カンニングをして卒業しました。

このころは、まだ家業の酒蔵への危機感や、日本酒業界への不安といったものはありません。１９９０年代初頭はまだ好景気の最中ですから、実家の酒蔵も順調に経営できていると思っていましたし、実際にうまくいっていたと思います。

だから、自分の意識も呑気なものでした。

白馬錦の醸造元、薄井商店に住み込みで働く

研究所を卒業してからは、長野県大町市にある同業の酒蔵さんである薄井商店に住み込みで働くことになりました。

これは父からの「お前は頭が悪いんだから現場で仕事を覚えろ」という指示でした。日本酒の知識も学びはじめた頃で、父が言うには、渡辺酒造店と同じくらいの規模の会社がいいのではないかとのことで、岐阜県のお隣の長野県の酒蔵を紹介してもらったんです。

薄井商店は渡辺酒造店に出入りしていた業者さんである酒瓶屋さんの紹介で、当時、とてもよいお酒を造っている信州の酒蔵でした。

薄井商店には猪股賢治さんという、当時、腕利きの杜氏がいて、その方のもとで酒造りの仕事を学ばせてもらいました。研究所では知識先行でしたが、ここでは実地で、本格的に酒造りのイロハを一から教わりました。

酒蔵の経営者たるもの、酒造りについても学んでおかねばならぬ……なんてことはなく、酒造りだけに集中して学んでいる人もいれば、まったく学ばずマネジメントに特化している人もいます。もちろん、酒造りの原理を頭で理解はしているでしょうけれど、現場で実際に蔵人の仕事を経験している人は決して多くはないかもしれませんね。

それで言えば、私の父の場合は、完全にマネジメントに特化した人だったので、本人も酒造りのことはあまり知らなかったといっています。蒸した米に麹菌をまとわせ、酵母を加えて発酵、その後、ろ過、火入れして……という造り方は当然わかってはいても、どうすればよいお酒を造れるのかといったことを深く探求するタイプではなかったと思います。

本人もそれを自覚していて、息子には酒造りのメカニズムを学んでほしいという思いがあったのではないかと思います。

職人の世界というと、いかにも厳しい人を連想するかもしれません。確かに猪股さんの部下の方たちは厳しかったのですが、猪股さん自身はとても優しい人でした。「見て覚えろ。背中から学べ」というのが職人の世界ですが、猪股さんは言葉でも惜しみなくノウハウを教えてくれました。

いつも私のことを「ナベちゃん」と呼んで、かわいがってくれました。

薄井商店での大失敗

そうして薄井商店で修業していた25歳のころ、仕事で大失敗を犯してしまいます。

当時、私は少し仕事を覚えて、大事な役目である「発酵係」を任されていました。お酒になりかけの液体が、発酵の段階ごとにわかれてタンクに貯蔵してあります。Aはまだまだ初期段階、Bはある程度発酵が進んだ段階、Cはほとんど日本酒ができた状態という具合です。

その日、発酵係の私はBからCのタンクへお酒を移動させようとしていたところでした。タンクの出入り口にホースをつないで、ポンプで汲み上げます。ポンプのスイッチを入れて、私はお昼休憩に入りました。

お昼休憩から戻ってみたら、タンクの周りが水浸しならぬ、酒浸し……そう、移し先のタンクの出入り口の蓋が開きっぱなしだったんです。

普段は蓋が閉まっているのですが、そのタンクを空にするために出入り口からできあがったお酒を抜いた時に蓋が開いたままになってしまっていました。それを私は確認しないまま、お酒を注ぎこんでしまったんです。

栓のないタンクに液体を注いだので、ほとんどできあがっていたお酒はそのまま床に流れ出てしまいました。蓋の確認をしなかった初歩的なミスです。

全員がお昼休憩でその場を離れていましたから、どんどん流れ出ているのに誰も気づかず、600ℓものお酒が無駄になってしまいました。

「やってしまった……これはもうクビになるに違いない……」

と覚悟しましたが、猪股さんは「しょうがねえ」とつぶやいて社長に知られないようにもみ消してくれました。

もみ消せる量じゃないだろう？　と思われるでしょう。なにせ600ℓですからね……。確かにそうなのですが、原料のお米の発注量を間違えたことにしたのか、詳しいことはわかりませんが、なぜか、私は何も言われませんでした。損害額としてはおそらく２００万円くらいでしょうか。退職して何年か経ってから社長さんには平身低頭で謝りました。本当に申し訳ないことをしました。

猪股さんは私だけでなく誰でも優しく接してくれる方で、かわいがってもらったことをいまでも本当に感謝しています。

帰省中、実家のお酒を飲んで劣悪な酒に驚く

薄井商店に勤めていた頃、盆と正月には実家に帰省していたのですが、ある時、忘れられない出来事がありました。

それは先述の「タンク流出事件」の翌年の暮れだったでしょうか。

長野と岐阜は隣県同士ではありますが、電車だとけっこう時間がかかります。長野から大糸線で糸魚川まで出て、そこから富山を経由するので、当時４時間ほどかかったと思います。

実家の最寄りの駅に着いてから旅の疲れを癒そうと思って、実家までの途中にある居酒屋さんに立ち寄りました。そこで実家の代表銘柄である「蓬莱」の熱燗を注文しました。

運ばれてきたお酒を見て、わが目を疑いました。見た目からして茶色味がかかっていたんですね。

「これ、だいぶひねてるな」と思いましたね。「ひねている」とは、古くなっているという意味です。飲んでみたら、何やら醤油臭い。味もトゲトゲした感じがある。すぐに貯蔵管理の仕方に問題があるなとわかりました。それくらいの知識は猪股さんのもとで修業してわかるようになっていました。

それまでもちょくちょく実家に帰っては蓬莱を飲んでいましたから、どんなものか、わかっていたつもりでした。県外に出て、いろんなお酒を飲み比べるようになって舌が肥えていましたから、実家の酒はそれほどレベルが高くないな、ということにも、うすうす感づいてはいたんです。

ただ、実際に居酒屋で出されているお酒のレベルがこれほど劣悪なのかと改めて衝撃を受けたし、同時にそこはかとない寂しさも感じました。「やっぱりそうなのか……」と思わざるを得ませんでした。

しかもこの居酒屋は実家から100mと離れていない、まさに目と鼻の先にあるお店です。これが東京や大阪の居酒屋であったなら流通経路に問題があるとか、在庫が古いという可能性もありえますが、お膝元でこのレベルでは他は推して知るべし、です。

「うちの酒、こんなので大丈夫なのかな」と思うのと同時に、「おいしい日本酒は必要とされていないのだろうか」ということも頭に浮かびました。

というのも、すでに述べたように人間関係が最優先の土地柄なので、そこに商品の品質の優劣はあまり関係ないのかな、という純粋な疑問があったんですね。

居酒屋のお客さんも味を求めて行くというよりは、人間関係のつながりの中で通うわけですから、日本酒には大きな期待やおいしさを求めていないのかもしれない、と。安ければいいというのもあるかもしれません。

しかも人付き合いが第一優先の経済構造の中では参入障壁が非常に高くなります。既得権益を得ている人たちにとっては競争相手が少ないままですから、それはそれでよい面もあります。しかし、一方では革新的な仕事や商売が生まれにくい側面があります。

人間関係で成り立つ商売においては低品質であり、低付加価値であり、結果として低賃金に甘んじているという経済圏になってしまいます。そこに甘えた結果、品質改善をまったくしてこなかったというのが当時の渡辺酒造店でした。

ただ、当時はそれで回っていましたから、それでもよかったんです。

このころはまだ実家の経営は売上が横ばいか多少浮き沈みしているぐらいでしたから、本格的な危機感を感じてはいませんでした。だから、「これはまずいぞ」というよりも、「自分が帰ってきたら改善すべき箇所がたくさんあるぞ」と考えていました。「俺がうまい酒を造ってやる！」そんなふうにポジティブに転換していったんです。

猪股師匠の「和醸良酒」

貯蔵管理に問題があると思ったので、実家に帰ってさっそく蔵人たちに聞いて回りましたが、味に問題があるとは思っていないようでした。

私がお酒についている色のことや味のことを問うても「そうかなあ」「別に普通じゃない？」「いいと思うけどな～」という感じでまったく響きません。

「貯蔵庫に冷房を入れておいたほうがよくないですか?」といった話もしてみるのですが、暖簾に腕押しです。

「そういう感じかあ。おいしいものを造ろうとかあまり思ってないのかなあ」と思い、悶々とするばかりでした。

研究所を出た直後ぐらいまでは、私の中では自分の酒を造りたいという強い思いはまだありませんでした。それが変わってきたのが、やはり猪股さんと出会ってからでした。

彼のもとで修業しながら、発酵学を学んでいくうちに、酒造りのおもしろさにどんどんのめり込むようになっていました。お酒というのは、酵母と麹菌という生き物を扱っているから、造るたびに違ったものができる。二度と同じものは造れない。その奥深さに魅せられていきました。そうして造った猪股さんのお酒がすごくおいしくて、自分でもいつかこんなお酒を造ってみたいと思うようになっていったんです。

猪股さんは言葉で饒舌に語る方ではなかったのですが、何よりもお酒が雄弁に語っていました。

そんな寡黙な猪股さんの言葉で最も印象に残っているのが、「和醸良酒」という言葉です。和して醸せばよいお酒ができる。つまり、仲のよいチームワークがよい酒を生むのだ、ということです。

当時、私と猪股さん含め８人で薄井商店の蔵を守っていましたが、その言葉どおりみんな仲がよかったんです。この酒蔵に古くから伝わる言葉だそうです。

私の失敗をかばってくれたのも、そういった思いがあったからかもしれません。

この考えは、私はいまでも大切にしています。

お酒造りには心の部分がとても大事です。よいお酒を造りたいという志を持った人が集まれば、その場の雰囲気がよくなるからです。朗らかでみんなが笑顔で働いていれば、チームワークは自然とよくなり、作業が丁寧になるものです。

何事においてもチームワークは大切ですが、特に酒造りでは重要です。というのも、日本酒造りというのは、仕込みの期間の約半年間は寝食を共にするからです。

住み込みで朝から晩までみっちり一緒にいますから、例えるならマグロ漁船のようなものです。嫌でも毎日同じ顔を付き合わせなければいけないし、お風呂も一緒に入りますし、もちろん食事も一緒です。そうなると、ささいな争いごとがすぐに仕事に影響するようになるんです。

職人の世界というと徒弟制度で、師匠の仕事を「目で見て盗め、体で覚えろ」の世界で、厳しい言葉が飛び交っているのをイメージする人は多いでしょう。昔は確かにそういう現場がありましたが、私の頃にはそうしたものは和らいでいました。または、私が勤めた長野の薄井商店がそうだっただけかもしれませんが、とにかく、優しく教えてくれたのでした。

「一度は広島を訪れよ」

「自分が思うとおりの酒を造ってみたい」――そんな思いがありながらも、まだ実家へは戻れない、と思っていました。

薄井商店に5年勤めて、もう一か所ぐらい学んでおきたいということで、次の修業先を探していました。そこで猪股さんが紹介してくれて、広島の賀茂泉酒造へ入社することになりました。

猪股さんからは常々、「これからの酒造りは広島流だぞ」と聞かされてはいました。

彼の広島出張に同行させてもらったこともありました。広島県のお酒のコンクールに同行して、テイスティングしたり、杜氏が集まる勉強会に同行したり、その後の懇親会にも付き人として同席したりしていました。そういうのを通して、自分の中ではやはり広島で吟醸造りを見ておかなければならない、と感じていたんです。

そうしてある時、「ナベちゃん、もし次に酒蔵で働く機会があるなら、絶対に広島の酒蔵に行きなさいよ」と言ってくれたことをきっかけに、紹介してもらったのでした。

日本酒業界の中での酒造りのトレンドというものがあります。それは、一般社会においての日本酒のトレンド（売れ線）ではなく、杜氏の中での「酒造りのトレンド」というものがあるんです（そこが食い違っているのもまた問題なのですが）。「いまは福島県が熱いぞ」とか、「茨城県の醸造試験場にはすごい先生がいるらしい」といったウワサや話が飛び交っている中に、「これからのトレンドはこれだ」という話があるんですね。そんな中で語られていたのが「これからは広島だ」という話でした。

吟醸酒の本場、広島

日本酒業ではいまは広島が「聖地」の役割となっています。特に、技術者にとって一度は訪れなければいけない地であると言えるでしょう。

なぜ広島なのかというと、吟醸酒の源流であるからです。

吟醸酒とは、通常の清酒よりも原料となるお米の精米具合を高めてつくったお酒です。通常よりも多く削ったお米で造ったのが吟醸酒です。さらに多く削ったものが大吟醸なんですね。

吟醸酒は古くからありましたが、１９７０年代になって広島で行われるようになったのが軟水醸造法という吟醸酒の製造法です。

お酒を造る時の水には、硬水と軟水があります。水の中に含まれるミネラルが多いものが硬水で、少ないものが軟水です。関東は硬水の地域が多くて、関西は軟水が多いのはよく知られた事実で、広島も軟水であることから、軟水醸造が発達したと思われます。

清酒の歴史は江戸時代から始まっていて、それ以前は現在どぶろくといわれている白濁した濁り酒しかありませんでした。江戸になって清酒が大ブームとなった時は関西が本場でした。そのため、大手酒造会社が存在する兵庫の灘や京都の伏見などの地域が有名でした。

もちろん、いまでも関西は酒造りが盛んな地域ではあるのですが、1970年代ぐらいから吟醸酒においては軟水醸造法で造られたお酒が評価されるようになって、広島が聖地になっていったんです。

酵母がお米を発酵させる過程でアルコールが生成されるわけですが、酵母は糖類のほかにカルシウムやマグネシウムといったミネラルもエサとして活動します。当然、エサの多い硬水のほうがアルコール発酵は早く進むわけです。

軟水だと酵母のエサが少ないのでゆっくりゆっくりと発酵が進みます。吟醸酒は低温でじっくり発酵させるのがよいとされているので、吟醸酒においては軟水のほうが相性は合うんです。

吟醸酒はいわゆるフルーティーな香りで、繊細な味わいというのがひとつの味の定義としてあるのですが、それを引き出すのには軟水が向いているというわけです。

広島も地下水が軟水であったことから、吟醸酒の醸造技術が進んでいきました。

例えるなら、ヒップホップを志向するアーティストたちが発祥の地であるニューヨークに行かなければと考えるのと同じように、杜氏も一度は広島に行くべきと考えられているんです。東京の王子にあった酒類総合研究所が、私が通ったあとに東広島に移ったのは、そうした理由もあるのだと思います。

毎年6月に行われる全国新酒鑑評会という非常に歴史の長い日本酒のコンクールがあります。全国の蔵元がこぞって、その年で一番良いお酒を持ち寄ってコンテストをするのですが、これも広島で開催されます。

広島の酒蔵は脈々と技術の伝承を行っていて、情報発信源としても確固たる地位を築いており、まさに別格と言える地域です。

そのなかでも広島の東広島市にある賀茂鶴酒造という酒蔵は、日本酒業界の技術的な面では先駆的であると言えます。当時から東京市場での販売を得意としていた会社です。

日本酒は売上が低迷しつつある中で、吟醸酒は割と健闘していた頃でもありました。杜氏は、みな一度は「賀茂鶴詣で」をするような雰囲気が、日本酒業界にはあります。

純米酒の製造法を学ぶ

私が行くことになった賀茂泉酒造は、純米酒で有名な酒蔵でした。日本酒は大きく分けて、「吟醸酒」「本醸造酒」「純米酒」の3種があります。「吟醸酒」「本醸造酒」は、醸造アルコールを添加していますが、純米酒はその名の通り、米、米麹、水だけで造られたお酒です。

猪股さんも「これからは、アルコールを添加してない純米酒を磨き上げていかないとダメだぞ」と言っていて、純米酒が日本酒の主流になるということを語っていて、私ももっともだと思っていましたから賀茂泉酒造で修業できることは願ったり叶ったりでした。

ただ、当時もいまもですが、純米酒を造るのはとても難しいんです。

日本酒の発酵過程の前に、乳酸菌が優位の状態があります。そこで雑菌が死滅して腐らないで発酵が進むわけですが、どういうわけか酵母菌だけは乳酸菌では死なない。乳酸菌はやがて優位性を失っていくのですが、純米酒の製造工程ではそれがままならないこともあります。すると、乳酸菌が優位なままの酸っぱいお酒になってしまうんです。

当時からお米のうまみや甘みを引き出せず、酸っぱいだけの純米酒は多くありました。ただ、その中でも、全国ではポツポツとおいしい純米酒を造る酒蔵さんも出てきた。そのうちのひとつが賀茂泉酒造だったんです。

幸運にも純米酒が進化していく過渡期に、私は広島で過ごすことができたわけですね。

賀茂泉酒造は当時の社長、前垣壽男（ひさお）さんのキャラクターがなかなか強烈でした。「純米酒以外は酒じゃない！」というのが口ぐせで、語り口も迫力があります。豪放磊落な感じで、太っ腹でしたから、よくご馳走してもらっていました。当時、会社規模を実家と比べると4倍くらいは大きな酒造会社でした。

社長の弟である専務にもかわいがってもらいました。瀬戸内海は何千という島が浮かんでいて、無人島もたくさんあります。そんなところへ手漕ぎボートで行ってキャンプしたこともありました。仕事もしっかりやりましたが、遊びも一生懸命でした。

当時、私は20代後半でしたから、社長が「渡邉君はちゃんと6年間酒造りを学んできたんだから、ちゃんと経歴を評価してそれなりの給料を渡さなきゃいかん」ということで、結構良い金額の給料を準備してくれていました。そのお金を持っていろいろと飲み食いすることができたんです。

そうして日々の生活を謳歌して気づいたのは、広島の食文化の豊かさです。地元の岐阜県や、そのあと修業にいった長野県は海なし県ですが、広島は瀬戸内海の海の幸が豊富に得られます。

瀬戸内式気候の広島は温暖で天気のよい日も多く、海も山も近くて豊かな土地ですから、人も開放的です。私はすぐに気に入って、3年ぐらいはここにいたいなと思っていたんです。

忍び寄る不況の足音

薄井商店と賀茂泉酒造というふたつの酒蔵からは酒を造る技術的な部分でたくさんのことを学びました。

いまでこそ東京や大阪などの都市部のデパートなどに卸すとなると競合の関係ですから、棚の取りあいも起こります。本来であれば、同業他社に気安く技術を教える、なんてことはなかなかないかと思いますが、当時はライバルという意識はなく、おおらかな時代でした。

広島の賀茂泉酒造の社長に「経営について教えてください！」と頭を下げたこともありましたが、「そんなものは実家に帰れば自然とわかるから、いまは純米造りを覚えなさい」といわれて、「そういうものなんだ！」と思っていました。

薄井商店は当時、6億とか7億の売上があったはずです。広島の賀茂泉酒造も当時は12億以上の売上があったはずですが、いまはどちらも相当苦戦しているようです。

なぜ、そこまで売上が減ってしまったのか。

これは日本酒業界全体に言えることで、時流についていけなかったのだと思います。

かつての私と同じように、よいものさえ造っておけば、勝手に売れていくだろうといった思いがあったのかもしれません。

すでに当時から「いいものを造ったからといって必ず売れるわけではない」というビジネス環境のフェーズに入っていたと思いますが、「広告宣伝費を使って派手に宣伝するのは品がない」という感覚が日本酒業界にはありました。

ただ、それはいまだから言えるのであって、当時はまだ「いいものを造ったからといって必ず売れるわけではない」なんていう考えはありませんでした。業界の多くの方々がこの先、どう会社を舵取りしていけばいいのか、売上が漸減していくなかで暗中模索の状態だったと思います。

時は１９９６年、刻一刻と、確実に不況の影が世の中を覆いはじめていました。

実家からの電話

賀茂泉酒造での2年目が終わろうとするころ、一本の電話がかかってきます。

電話の主は母親でした。

「お父さんのことなんだけどねえ、ちょっと体調が悪くてねえ。肝臓が悪いみたいだから……、今度検査入院するのよ。そっちはどうなの？　そろそろ帰ってこない？」

というんです。

当時はまだ携帯電話がありませんでしたから、住んでいた賀茂泉酒造の寮に母親から電話がかかってくることが多くなりました。大体いつも、ふつうの世間話から始まって、近況報告の話をしながら、父親の具合があまりよくないという話の流れになることが多かった。

１９９７年の暮れからそんな電話が何度かあって、年が明けて2月ぐらいになると、「そろそろ帰ってきて、あなたにやってもらわなきゃいけないわ」というんですね。

ただ、私としても、はいそうですかというわけにはいきません。

雪国・長野から、南国・広島に移ったことで、様々な酒造りの学びや異文化の学びも含めて、非常に充実した生活を送っていましたし、雪国・飛騨育ちですので、瀬戸内海の海、そして太陽がすごく眩しく、しばらくはここにいたいなと思っていたので、すぐには決断できませんでした。

しかし、母親からの電話が重なるうちに、実家の大変さもだんだんわかってきて、「そろそろ30歳になるしなあ……」という考えも頭をよぎり、実家に帰ることを決断しました。

それからは、いままで自分が学んだ酒造りの技術を実家の酒蔵で試してみようと切り替えていきました。

信じて疑わなかった「味がよければ売れるだろう」

実家に戻ってからはヒラの社員として、一から実家の酒蔵で働くことになりました。とはいっても従業員は常時10人くらいの会社でしたから、その息子が帰ってきたということで、いずれ専務か何かになるんだろうというふうに周囲からは見られていたと思います。

肝心の父の容態はというと、私が実家に帰ってきたら、あら、意外と元気……。実はこれ、「酒蔵あるある」なんです。いますぐ経営ができなくなるほどではないけど、ちょっと大変だということにして、息子を呼び戻そうという策略です。そろそろ30歳にもなるし、頃合いだというふうに思ったのでしょうね。ただ、広島で楽しくやっている様子だから、素直には帰ってこないと思ったのかもしれません。

帰ってきたら親父はぴんぴんしていましたから、一瞬、「騙された！」と思いましたが、「俺がうまい酒を造ってやる！」とすぐにまた気持ちを切り替えました。

そこで思い出すのは、近所の居酒屋で飲んだわが家の酒の味の劣悪さです。

このころはまだ地元だけでなく、全国、世界に商圏を広げていくということも考えていませんでした。とにかく、「うまい酒を作れば、ほうっておいても売れていくだろう」と思っていましたから。まだ職人の考えのままでした。

当時は米どころである新潟のお酒がとても人気でした。それは全国的なもので「久保田」や「八海山」、「上善如水」といったスター酒がきら星のごとく輝いていました。それらのお酒のように味を磨いていけば、自然にファンも増えて、お酒も売れるはずだと信じて疑いませんでした。

渡辺酒造店には、従来「蓬莱」というブランドを継承していましたから、この品質をブラッシュアップしていく。その先に売上増とか、知名度の向上、ブランドの向上といったものがあるのだろうと漠然と考えていました。

お酒の仕込みは、その年の秋に取れた酒米を使って、12月から翌年の3月にかけて冬の間に仕込む「寒仕込み」という昔ながらの製法です。実家に戻った最初の時期はすでに仕込みは終わっていましたから、まず地元の卸問屋や小売店を回る表敬訪問から仕事をはじめました。

そして、仕込みの時期になると、私が長野と広島で学んだ酒造りの技術を実家のす。

酒蔵に導入していきました。満を持して品質向上策を社内に打ち出していったんです。

それが第1章で述べた「糖類添加の廃止」「原料米の変更」「精米歩合を高める」という3つの改善でした。

蔵人たちの反応は半々でした。「お酒が明らかにおいしくなる条件が揃うから、喜ばしいことだ」というのが半分、あとの人たちは「まあ、やってもムダじゃないか」という感じでした。

社長の息子が言っていることだから表立っては反論しませんが、表情が曇っているからわかりやすい。新しいことに取り組むことを最初から諦めている感じが見て取れました。

立ちはだかるお酒のヒエラルキーとリベートの壁

この頃、会社の経営はジリ貧が続いていました。だから、それまでにも小さな改善は行われていたのかもしれませんが、劇的な改善には至っていなかった。チャレンジしても結果につながらないことが続くと、人は諦めるようになってしまうものです。この諦めムードは、会社を覆い尽くしていたように思います。

とはいえ、まだ諦めきれていない人もいて、私の改善案に身を乗り出して加わってくれた人もいました。

私は社内で声をかけて、人を集めて、改善案を説明して「こういう方向で行く」と伝えるところからスタートしました。

そして、入社して2年目の春、まあまあお酒の品質もあがってきて、自分なりに及第点を与えられるかなという段階になったので、自信をもって取引先の酒屋や卸問屋を回っていきました。「美味しくなりましたので、ぜひ飲んでください」と。

ところが、全然注文にはつながりません。

この時初めて、飛騨エリアの日本酒業界に厳然と横たわる〝酒の人気のヒエラルキー〟に直面することになりました。

当時、飛騨地区には13軒の酒蔵が点在していました。その13の銘柄のお酒には上位の銘柄、中位の銘柄、下位の銘柄という形で三角形のピラミッドができあがっていました。そのヒエラルキーの中で私たちのお酒、蓬莱は最下層に位置していることを、私はその時、初めて知ったんです。

当時の飛騨エリアのヒエラルキーでいうと、贈答用、お祝いの席などで飲まれるのが高山市の「久寿玉」という銘柄です。これが古くから最も人気のある日本酒です。それと双璧をなすのが、お土産用はもちろん、通に人気と言われていた「飛騨自慢鬼ころし」という銘柄です。いまは「鬼ころし」といえば紙パックに入った安いお酒として知られていますが、当時、飛騨高山にある老田酒造店という酒蔵が売り出した時は安価なパック酒ではなく味のよい辛口のお酒でした。また、冷酒の分野では、これも高山市の「氷室」という大吟醸が人気でした。

つまり、「久寿玉」「飛騨自慢鬼ころし」「氷室」の3つが品質、知名度、用途を理由に人気の上位をがっちり押さえている状況です。そのため、私たち蓬莱のような底辺の銘柄がいくら良い品質になったところで、そんなことはまったく求められていませんでした。

というのも、営業で酒販店や問屋を回ると「渡邉くん、コレだよ、コレ」といって親指と人差し指で輪っかを作るんです。

お酒の品質を向上させたよ、おいしくなったから飲んでくださいって言っても、「そんなのいらないよ、おたくの酒を1本売ったらうちはいくら儲かるんだ?」というわけです。「人気の久寿玉ならうちが売ったら300円利益が入る。あんたのところみたいな酒蔵じゃあ、600円は儲からないと置けないなぁ」

と言われてしまうこともありました。

そんなことを言われてカチンとこない人はいません。憤懣やるかたなく、同じ飛騨の蔵元で年の近い仲間たちにこのことをお酒の席で愚痴ったんですね。

「壁にぶち当たった。いわゆるリベートってやつだけど……」

すると、高山のある蔵元さんからこんな返事が返ってきました。

「リベートだと……?　飛騨の悪い習慣を作ったのはお前のとこやぞ。お前の父親がやったんや。知らんかったんか?」

衝撃です。そういう悪習慣がまかり通るようになったから、俺たちも迷惑しているんだぞ、というんですね。

当然、リベートの存在自体は知っていました。渡辺酒造店が昔からリベートを払っていたこともです。けれども、まさか父が積極的にリベート攻勢を仕掛けていただなんてことは知らなかった。いったいどういうことなんだと、度肝を抜かれました。

これは本当だろうかと思って、事実確認のために父にも問い正しました。父が最初に始めたかどうかはわかりませんでしたが、リベートを積極的に払ってきた、ということはどうやら事実のようでした。

押し寄せる規制緩和の波

実家の渡辺酒造店に帰ってきてから2年目の2000年、新たな動きが起こります。

日本酒業界に酒類販売業免許の変更が起こりました。

酒類販売業免許の規制緩和は1989年から段階的にはじまっていて、自由化の波が押し寄せてきていました。

それまで酒販店同士の距離が５００m離れていないと新しく免許は降りない決まりでした。周囲に競合店がいないわけですから、守られた環境で営業することができたわけですね。だから、お酒の販売免許を持っていることは、当時はなかなか価値がありました。

ところが、その免許の取得要件が下がったので、誰もが業界に参入できるようになりました。特に、資本力のあるグループが異業種から酒類量販店として入ってくるようになったんです。

大資本は体力がありますから、お酒を大量に仕入れることができます。すると、お酒の単価を下げることができる。そうして大幅な値引き販売をするディスカウントストアが次々と現れていったんです。

２０００年代になると、ビール、ワインをはじめ、大手ナショナルブランドの日本酒、地酒に関しても大きく値引き販売するディスカウント業態がどんどんシェアを高めていきました。

それまでの酒販店が仕入れていた価格か、それ以下の値段でディスカウントストアで売られるようになったのですから、既存の酒販店はたまったものではありません。

ある日、高山市でもディスカウントストアが突然、誕生しました。

そこはもともと杉原酒店という酒屋さんだったのですが、私同様にご子息が帰ってきて、従来の三河屋的な酒屋から、ディスカウントストアに業態を変更して、店舗の外装も内装も店名も新たにして、「酒のスーパー ゴリラ」として新規オープンしたんです。

その杉原酒店さんとはそれまでも直接取引していて、結構な数を売ってもらっていました。私の父親も懇意にしていた酒屋さんでした。

従来の取引をしている酒販店や卸問屋が価格を守って販売しているところへ低価格で売る店が現れたのですから、それはもう当然ながら売れるわけです。人間関係が重視される経済活動の土地柄とはいえ、お客さんとしても背に腹はかえられません。不況でお客さんの財布の中身も潤沢ではないのだから、しょうがありませんよね。

それまで禁漁区だった場所に、大型船で乗りこんでいって容赦なく漁をしているようなもので、当然ながら独り勝ちです。「ゴリラ」はあっという間に飛騨エリアに5店舗展開して、一人バブル状態になりました。

飛騨エリアで主要な場所を「ゴリラ」が押さえてしまったので、従来の酒販店はお客さんを取られっぱなしですから、おもしろくなかったんでしょうね。付き合いのあった酒販店から電話がかかってくるようになりました。

「なんでディスカウントストアに卸すんだ。なんで値引きに協力するんだ。おたくがディスカウントストアに卸すから、うちでは売れなくなっている。このままディスカウントストアに卸すなら、おたくとの取引はナシだ!」

「どうせ安く卸してるんだろ、ウチにも同じだけ安く卸せ」というのもありましたね。

あとは、そうやって話ができるのならまだよくて、無言電話もありましたし、怪文書や不幸の手紙も来ました(笑)。ほかの酒蔵も同じ状況だったはずなんですが、杉原酒店さんとの取引が一番太かった渡辺酒造店が槍玉に挙げられてしまったんでしょうね。

酒販店の圧力に屈す

その時、社長だった父は本当にどうしたらいいかわからなくなっていました。父と私とで散々話し合った結果、泣く泣くゴリラ……杉原さんとの取引の停止を決断しました。その他の酒販店の圧力に屈した形です。

この時、ゴリラに卸している数量は全体の2割ぐらいでした。結構なお得意さんです。とはいえ、お酒がおいしいから売ってくれているというよりは、昔からの付きあいでうちが一番リベートの金額が多かったということなのですが……。

ゴリラへの卸価格は他の酒販店と同じだとしても、リベートの金額が高くなれば、日本酒一本当たりの利益も薄くなっていきます。けれども、それを断り切れなかったのは、それまで懇意にしていたという関係があったからです。

そうはいってもあとの8割を切ることはできない。地域の酒販店から総スカンを喰らえば、完全にアウトです。ディスカウントストア一本でメシが食っていけるわけではないからです。二者択一なら、ディスカウントストアを切るしかない。

また、他の8割の店を切れない別の理由もありました。

人気の酒屋さんの主人はだいたい町の要職を担当していることが多いんです。たとえば、商工会の会長さんや町内会長さんだとか。そういう役職を務めていると知名度も上がって、お酒を販売する機会も増えるので、販売力のある一般の酒屋さんの主人と、蔵元の社長は地域の会合やイベントなどで顔を合わせる機会が多いんです。

小さな町ですからしょっちゅう会うのに、商売上とはいえ関係を切ってしまえば地域での居心地が悪くなるわけです。これは酒蔵の社長だけでなく、家族全員にかかわってくるんです。田舎とはそういうものです。それで結局、圧力に屈した、というわけなんですね。

しかし、酒類販売業免許の規制緩和によって、スーパーやコンビニでお酒が売れるようになっていく流れは加速していきました。これによって製造、問屋、小売業者（酒販店）という「製販三層」がともに力を合わせてきた業界の常識が根底から崩れてしまいました。

メーカーがお酒を造って、問屋に卸して酒販店に配達し、酒販店が窓口となって一般の消費者に届けるのがこれまでの流れでした。それぞれのテリトリーは侵さずに、ともに力を合わせて成長していきましょう、という不文律がありました。

問屋を通さずに直接酒販店に卸すケースは、昔からのお付きあいの中ではよくあります。あまり大規模にやると卸問屋ににらまれますが、昔からの付きあいであることが理解されていれば問題になりません。けれども、蔵元がお酒を直接消費者に販売することはタブーだったんです。

こうした問題はどの業界にも見られるものだと思います。特にＥＣで消費者に直販することが当たり前になったころから、あらゆる業界で同じ問題が起きています。

これらの変化があり、渡辺酒造店の２０００年の売上は前年比約15％も減少。次の年はそこからさらに15％も減りました。１９９９年から2年後の２００１年で約３割も売上が落ち込んでしまったんです。

ディスカウントストアとの取引を停止したので、いままで2割を占めていた杉原酒店さんの分が当然、なくなります。ディスカウントストアで売上が落ちた分を、他の酒販店がカバーしてくれるかというと、当然そうではありません。お客さんはディスカウントストアに行列をつくって買いに行きますから、一般の酒販店も当然、売る力がダウンしていきますので、その相乗効果で売上減少に歯止めがかからなくなっていったんです。

酒販店さんから買っていた居酒屋も量販店から買うようになっていきましたから、個人客からすると家で飲むお酒も居酒屋で飲むお酒もどちらも量販店から仕入れたものになっていきます。酒販店はその面でもどんどん売上を減らしていきました。

私としては、蓬莱の味の改善に取り組んで手応えを得て、「さあ、これからどんどん売っていくぞ」という時に起こった変化でした。お酒の味はよくなっているはずなのに、それと反比例するように売上は落ちていくんです。

この時が「味だけ高めても売れるわけではないのだ」と身をもって痛感した初めての出来事でした。

それまでは味さえよければ、品質さえよければ売上は必然的に上がっていくはずだという思いで突っ走っていたわけです。それが売上減という形で間違っていたことをまざまざと突きつけられた。品質の高さは売上向上の必要条件ではあるけれど、必要十分条件ではないということです。

「考え方を変えないといけない」――そう強く胸に刻み付けられたんです。

専務取締役に就任し、改革に本腰

ショックはショックでしたが、落ち込んでいるヒマはありません。何か手を打たなければ、座して死を待つだけです。

衝撃を受けたのは父も同じで、だんだんと落ち込んで元気を失くしていきました。

その後、事業承継を早めたいという父の意向があって、私は33歳で専務の役を任され、経営の実務を預かることになりました。

この時に思ったのが、頭を抱えている父親に対して「なんでこの八方ふさがりの状況をもっと早く想定しておかなかったのか」ということでした。

酒類販売業免許の規制緩和が起こって他のエリアでは量販店が進出し、安売りが横行していました。それは業界新聞などのさまざまな媒体で情報としてすでに流れていたんです。いずれはこの飛騨エリアにも波が襲ってくるかもしれない。いや、必ずやってくる。他のエリアで行われていることがこの飛騨エリアで行われない理由がないんですから。

専務になってからの2年間も手をこまねいているうちに減収減益が続きました。売上が2億6000万円台に落ち込んだ2002年にはもう限界を感じており、これで廃業か……というところまで追い込まれました。

付きあいのある銀行も手のひらを返したように冷たくなりました。設備投資した際に借入れした借入金の返済スケジュールを調整したいと相談に行っても聞き入れてくれませんでしたし、運転資金の借り入れも断られ続けました。

また、このころ相次いで、古いベテラン社員も退職していきました。杜氏は病気にかかってしまったために次の年は働けそうにないということになり、別の２人の蔵人は自主退職していきました。

また、社員にはうつ病の人が出てくるようになりました。うつ病というのは、伝染するようなところがあり、一人出たあと、二人、三人とうつの症状を訴える社員が出てきました。手をこまねいている内に、十人いた社員があっという間に半分になってしまいました。

そうして、品質の向上だけでは売上は増えないことを痛感して、味以外のところの改革に乗り出していくことになります。

窮余の一策として考えたのが、すでに述べたお酒の品評会への出品です。第三者からの評価を得ることができれば、品質をPRする格好のネタになるだろうと考えたんです。

父は体裁を考えて、国内でも最も権威のある「全国新酒鑑評会」への出品を望みましたが、私は一般の消費者への訴求として海外のモンドセレクションに出品しようと考えました。

モンドセレクションに出品したいという旨を、社長である父に話したのですが、

「そんなものは意味がない」と一蹴されてしまいました。やはり業界で評価の高い全国新酒鑑評会で金賞を獲ってこそ意味があるのだといって聞きません。

「じゃあいいよ、オレはオレでやる！」――そうタンカを切って自腹で出品することにしました。会社の金を使うわけじゃないからいいだろうといって強行したんです。

議論を戦わせても価値観が違いますから、話は平行線です。だったら実績をもって説得するしかない。金賞を獲って新聞にでも掲載してもらえれば、必ず評価してもらえるという確信がありました。

そうして実際に出品して金賞をゲットすることができると、父親がそれはもう喜ぶわけです。「現金だなあ（笑）」と思っていました。

さっそく受賞の事実をメディアに報告し、取材して記事にしてもらうことを考えました。しかし、それについても父から反対されました。父たちの世代では、こちらから新聞社に売り込みをかけるなんてことはするもんじゃない、恥ずかしいことだという感覚があったようです。あくまでも記者のほうからこちらに「取材させてほしい」といってくるもんだというプライドがあったんです。すごい上から目線ですよね。何様だって感じです（笑）。

確かに酒蔵の主人というのは、地元の名士というイメージを持っています。そして代々そうした気風を受け継いできたわけですから、そのように振る舞うわけです。だから、下手に出て「取材してください」とは言い出しにくいんですよね。一度染みついた仕事へ向かう姿勢というものは、なかなか抜けきれないもののようです。

「お客さんの顔が見える酒造り」を目指して

モンドセレクションの金賞を獲得したことで、地元で街を歩いていると、おめでとうと声をかけられるようになりました。

たぶん、その人はうちのお酒を飲んでいてくれているからそう言ってくれるのでしょう。「ああ、こういう人たちがうちのお酒を飲んでくれていたんだな」と気づきました。お客さんの顔が見えるっていいなと思えたんです。

自分のことのように喜んでいるお客さんを見て初めて、「こういうお客さんのためにいいお酒を造らなきゃいけない」と心底感じました。

その時、「お客さんの顔が見える酒造り」という言葉が思い浮かびました。

それまではリベートをよこせとうるさい酒販店や問屋の顔しか見ていなかった。実際に飲んでいるお客さんのことが見えていなかったんだと気づきました。

追い込まれて、「リベートばかり要求してくる酒販店や問屋を相手にしていたら共倒れになってしまう、もう自分たちで売るしかない」と思うようになっていきました。

どうせ売るんだったら、喜んでくれるお客さんに直接売っていきたい。そうだ。「お客さんの笑顔のため」という原点に戻ろう。そう思いました。

闇の中からひとつの光がポッと浮かび上がってきたようでした。

都会のデパートから相手にされず、地元回帰

そこでまず考えたのが、都会のデパートで売ってもらえないかということでした。

さっそく東京都内のデパートに飛び込んで、片っ端からセールスをかけていきま

した。

ところが、米どころでもない飛騨の日本酒だから相手はぜんぜんピンときていない様子。飛び込みということもあり、まったく相手にされません。

「飛騨の酒ねえ、聞いたことないなあ」。そんな感じです。当時は飛騨地方の酒として唯一知られていたのが「飛騨自慢鬼ころし」だけでしたから無理もありません。

しかしそもそも飛び込みは無謀だということで、次はちゃんと電話でアポイントメントを取ることにしました。それでもほとんどのデパートは門前払いでしたが、唯一、池袋にある某百貨店がようやく会ってくれるということになりました。

午後2時の待ち合わせだったので、早朝から自慢のお酒を持って酒蔵を出て、在来線と新幹線を乗り継いで向かいました。5時間ほどかかってデパートに着き、小さな部屋に通されて待っていたのですが、約束の時間を10分過ぎても、20分過ぎても担当者は現れません。

どうやら約束を忘れられていたようで、30分ほど過ぎてから「ああ、ごめんごめん」と部屋に入ってきて、私の話を聞いて蓬莱を飲むなり、「この味だとウチじゃあ取り扱えないなあ」とけんもほろろ。

帰りにデパ地下のお酒売り場に置いてある有名な地酒を見てみました。きら星のごとくスター銘柄が並んでいるのを見ながら、「こんちくしょう!」と思わずにはいられませんでした。

「またダメか……」と思いながら新潟のお酒を見ると、雪国をイメージした、デザイナーさんが手がけたような美しいラベルの酒瓶が並んでいました。いまの自分達に足りないものはなんだろうかと考えさせられたり、ラベルのデザインも大事なんだなと思ったり、いろいろな収穫を得て帰ってきた出来事ではありました。

岐阜に帰ってからもデパートで売られていた日本酒のことを何度も思い出していました。そうしている内に、やはり新商品が必要だという思いが固まっていきました。

新商品を作って自分で売るしかない。だったらまず足元から見ていこうということで、私たちの地元である飛騨古川を訪れる観光客にお酒を飲んでもらい、感想を聞こうと思いついたんです。

お客さんと直接つながるには

お客さんからのリアルな味の感想を聞くために、直接の接点を持とうと、まずは街歩きマップを作り、観光がてら私たちの酒蔵に立ち寄ってもらおうと考えました。

酒蔵では、蔵を案内して見学してもらったり、試飲してもらったり、気に入ればお酒を購入してもらったりもしました。購入時にはできるだけ宅配便を利用してもらうことを勧め、名前と住所もどんどんゲットしていきました。また、試飲してアンケートに答えてくれた人には飛騨牛が当たるなどのキャンペーンを行って、これまた名前と住所を獲得していきました。そして、そのお客さんリストの住所にお礼の手紙とチラシをダイレクトメールで送っていきました。

酒蔵見学に来てくれたお客さんの中には、「蔵元の隠し酒」が生まれるヒントになった、前述のナイスシニアの日本酒ファンの方との出会いがありました。

また、こんなこともありました。

店頭でお客さんに様々なお酒を利き酒してもらいながら、お客さんの好みを勉強していた時のことです。あるお客さんに、「どういうお酒がお好みですか？」と聞くと、「すっきり辛口がいい」と言うんですね。

それを聞いて、新潟のお酒に代表されるような、いわゆる淡麗辛口というキーワードが思い浮かんだので、そういう味のお酒と、それ以外の味のお酒を3つ並べ、目隠ししてもらってテイスティングしてもらいました。

飲んでもらったあと、「どれがお好みでしたか？」と聞いたんです。「これです、この酒が好きですね！」といってそのお客さんが指さしたのは、辛口ではなく、どちらかというと味のある、芳醇なタイプの甘口のお酒だったんです。

お客さんは、「おーうまいな、さすが辛口や」みたいなことをいうのですが、実際は甘口。お客さんの脳を分析してみると、つまりこういうことではないか。

「自分はお酒が好きで、それなりに酒通と思われたい。特に酒蔵の主人を相手にして酒通と思われたい、という時には辛口というキーワードが外せない」

当時、新潟の淡麗辛口全盛時代に、「俺は甘口が好きだ」なんてことは言えなかったわけです。「辛口＝通」という図式があったんだと思います。

その時に私は思ったんです。お客さんの建前と本音は別にあるのだと。だったら、自分の自信作が辛口じゃなくても売れるお酒を造ることはできる。極端な話、辛口とラベルにあって中身が甘口でもアリなんだ、お客さんは納得するんだと思いました。

新聞紙で巻いたような包装紙に「本物の辛口」を謳うことにして、「味わいが深い芳醇ななかに、キレがある、これこそが、お米を完全に発酵させた、日本酒の本来の味わい。これが私たちの考える辛口です」という文面とともに、「蔵元の隠し酒」というネーミングで発売することにしました。

一応、辛口と謳っていますから日本酒ビギナーというより、ある程度、飲みなれた人がターゲットですが、リーズナブルな価格設定です。

瓶の上のほうからは、赤い台紙に白抜きで「番外品」と書いた下げ札をかけました。いかにもさらに秘蔵感、限定感を出そうという演出です。「なんだか正規ルートでは手に入らなそうだな」という特別な感じを出したかったんですね。

発売すると、これが売れに売れました。1か月で3千本が飛ぶように蔵から出ていきました。

隠し酒を中心に、観光客の方にお送りするダイレクトメールからのご注文もどんどん増えていきました。ひとつの勝ちパターンが生まれたと手応えを感じた瞬間でしたね。

柳の下にドジョウは何匹いるか

蔵元の隠し酒で気分をよくした私たちは、もっと刺激的なネーミングならもっともっと売れるんじゃないかということで、今度は「非売品の酒」を発売することになります（笑）。

サンプルやノベルティなどで「非売品」と書いてあるのを手にすると、ちょっと得した気分になりますよね。そういうのを醸し出すことはできないか、と考えたんです。洋風居酒屋にある「シェフのまかない丼」みたいなものに似ている、不思議な魅力です。

この路線はその後、「杜氏のまかない酒」「社外秘の酒」「非効率の酒」「無修正の酒」などと、どんどん先鋭化していくことになります。「○○の酒」とつけるのがクセになってしまっていましたが、それぞれそれなりの売上がありました。ひとつの勝ちパターンができたら、徹底的にやってみるべきなのかもしれません。

「柳の下のドジョウ」という言葉は、柳の下にいつもドジョウがいるわけではない、つまり成功法則がいつも通用するとは限らないということを言っていると思うのですが、網ですくってみなければ、それはわからない。一回そこで見つけたらトコトンその周辺をすくってみる。それで失敗してから次の展開を考えても遅くはないんじゃないかと思います。

振り返ってみると、あのナイスシニアの紳士を案内した経験が原点になっているように思います。お客さんのハートを揺さぶるものは何なのか。商品開発する時には、あの紳士を思い浮かべるようにしています。

これまでは卸問屋や酒屋の顔ばかり見ていて、リベートの話しかなかったけれど、実際にお酒を買ってくださる、飲んでくださるお客さんとつながっていったら商品開発のアイデアがどんどん湧いてくるようになりました。仕事がどんどん楽しくなっていったんです。

二極化する酒販店の反応

試飲してくれた人、お酒を買ってくれた人にアンケートを実施する中にも商品開発のヒントがありました。アンケートでお客さんの声を集めたかったのは、商品開発に生かしたかったのと、化粧品や健康食品などの宣伝で見かけるような「お客さまの声」をＰＲに使いたかったからです。

Amazonや楽天市場でもレビューが重視されます。第三者からのリアルな評価が購買の動機になる時代ですから、お客さんの声を集めて、どんどん載せていこうと思って積極的に集めていきました。

アンケートでは「おいしかったです」とか、「また飲みたいです」とか、たまに絵を描いてくださるお客さんもいて、とにかくポジティブなことを書いてくれます。そうして書いているうちにファンになってしまうんだと思います。

また、プレゼントしてもらえると、そこに金銭の交換はないので、さらにファンになってくれます。そんな〝ファンレター〟の中から、「ガリガリ氷原酒」の誕生につながる出会いがありました。

「ガリガリ」のネーミングは、もちろん氷菓の「ガリガリ君」を意識したものでした。なので、製造元の赤城乳業株式会社の顧問弁護士から電話がかかってきた時は焦りましたね。ただ、一瞬ドキッとしましたが、単に「パクりましたね（笑）」という話でした。

ですが、キャラクターはぜんぜん違いますし、「ガリガリ」はありふれた、単なる擬音語ですから、まったく問題ありませんでした。

そんな調子で新商品を次から次へと開発して勢いを増していましたが、売上が回復に大きく寄与したのは、隠し酒と非売品の酒でした。

非売品の酒に関しても、酒販店や問屋に営業に行くと、評価は二極化していました。「渡邉さん、やりましたね、これは大ヒット間違いないですよ!」というところと、「これはクレームきますわ。ウチでは売りませんので」みたいなところと(笑)。

理解できない人は理解しませんけどね、わかってくれる人がちらほら出てきていました。一緒に面白がってくれているような空気です。「蔵元の隠し酒」で実績を作ったので、受け入れられやすくなっていたんだと思います。空気が変わりはじめていました。

隠し酒のエピソードでもあるように、お酒の味そのものだけではなくて、お酒を購入するまでのストーリーだったり、新聞紙にくるまれているというパッケージや演出だったり、そういったものを含めてお客さんは喜んでくださるんだなというのがわかった。魅力というのは、詰まるところそれらを総合したものなのだ、ということが腹に落ちたんです。

以前の私は、実家で家業を手伝うなかで、顔を合わせるのは酒販店であり、問屋でした。そこではお酒の味は話題にすらのぼりません。リベートとお金のことばかりで、それはもうストレスがたまっていました。

ふと気づくと、自分自身、なんでこんなに苦しみながら商売をしているのかなと思ったんですね。まったく息苦しくて呼吸ができないような状態です。

それよりも、お酒を飲むという体験を通して、喜んでもらえる人との時間をもっともっと持ちたい。自分たちも楽しいし、嬉しい。おいしかったという感想が書かれた手紙もたくさん届くし、スタッフたちもそういう手紙を見て、自分の働きがいかに役立ってお客さんに喜んでもらっているかを実感する。

お客さんの顔を見るというのはどういうことなのか。例えば、観察する、気持ちを動かすことを考える、お客さんの日常まで踏み込んで想像する。いろいろあると思います。

日々の忙しさにまみれながら、ずっとこのことを考えていました。すると次第に、お酒を飲むという体験を通して、笑顔になってもらったり、「渡邉さんのお酒、こんなに面白いのがあるんだ」と驚いてもらったり、純粋にこうしたことを感じてほしいと思うようになっていました。

直接エンドユーザーと触れあう、お手紙をもらう、電話をもらって直接話すということをやり続けた時に、やっと呼吸ができるようになったと思い、霧が晴れたような清々しい気持ちでいっぱいになりました。シンプルな話、お客さんと触れあうことが楽しかったんです。

「お客さんの声を反映する」とは？

お客さんの声を開発に反映させるといっても、もちろん、取捨選択はします。いろんなお手紙やアンケートの回答をもらうんですが、こういうお酒を造ってほしいみたいなのは稀です。どちらかというと、こういうシチュエーションで楽しんでます、みたいな感じが多いんです。

その時の私たちは、お客さんが何を求めているのかという情報に飢えていました。

どういうものがお客さんの購入に結びつくのかと考えていましたね。つまり、動機の部分に注目していたんです。

もちろん、味はもうちょっと甘口がいいとかそういうのはあるんですけど、味は人それぞれ感じ方が違います。ですから、甘いのがいい、辛口がいいと言われても、それはあまり参考にしません。

それよりも飲むシチュエーションであるとか、ストーリーみたいなものを思い浮かべるんです。最近だと、私のInstagramに「彼女と婚約して、彼女の実家に挨拶にいくんですが、どれがオススメですか」とダイレクトメッセージを送ってくれたお客さんがいました。「なるほどな、お酒を買う動機っていうのは、こういうところにもあるんだな」と、ひとつヒントを得られます。それをもって、営業企画部のミーティングで、「こういうメッセージをもらって考えたんだけど、婚約者のお父さんに持っていくお酒というのを造ったらどうや」という話ができるわけです。

その商品名を公募するイベントをやろうという話にもなりました。婚約者の実家の酒好きなお父さんに持っていって、一緒に酌み交わすお酒。それは、どんな名前でどんなものがいいか、Twitterで募集しよう、というわけです。それぐらい用途を絞り込むと、みんなおもしろがって、「父殺しの酒」とかそういうのがきっと出てくるでしょう。

普通なら祝い酒全般というふうに間口を広げたくなります。そうではなく、「結婚の許しを得る時だけの酒」というものすごいニッチなところにピンポイントで打ち出していく。これが「祝い酒」みたいなことだとぼやけてしまう。そこまでニッチに振り切ったら、他は誰も手出しができません。やっぱりお客さんの声は商品開発のヒントだらけなんです。

「衣・食・住」と「遊・知・美」

そういえば酒蔵の経営が苦境に陥っている時、他の業界の研究もしましたね。ビジネス書を読み漁っていると、「異業種からヒントを得なさい」という教えがありました。

ビジネスにはいろいろあって、まず「衣」「食」「住」を満たす分野がありますね。その次に、「遊」「知」「美」があるというんです。その順番通りに市場は成熟していっているのだと。

そういう意味で、「衣」であるアパレル業界が市場としてはいちばん成熟しているとのことでした。その次に、我々の所属している「食」です。衣とか食というのは、人間が生きていくための根源の部分を満たすところですからね。

そして、「遊」はアミューズメントであり、エンターテインメント。「知」は学習、学びです。アパレル業界と比べると、食品業界のほうが未発達なところが多いということで、アパレル業界については勉強しました。

ちょうどファストファッションが勃興していた時期でした。小売業が製造部門を持つようになっていったんです。なかでもスペインのＺＡＲＡはすごかった。とにかくパリコレクションで発表されたものを徹底的に参考にして、毎月大量の新作をどんどんリリースしていました。ユニクロはどちらかというと機能性を重視して、定番商品を安く売りますが、ＺＡＲＡはファッションの性を徹底的に追求しています。シーズンにこだわらず、尖ったファッションのアイテムを矢継ぎ早に出していくという商法です。こうした方法を採るＺＡＲＡは訴訟をたくさん抱えていますが、スタイルとしてはおもしろいなと思いました。

そういう世界を知るのは刺激的でしたし、興奮しながら学びましたね。売るのにも技術やテクニックが必要なんだなと、ここでもわかったんです。

さらに異業種を見渡したことで、お酒の品質以外の部分も非常に大事なんだと気づきました。

日本酒業界は、大手はともかく、中小酒蔵が商品を構成する要素は、「品質」と「デザイン」のふたつだけです。渡辺酒造店だと「品質」「ラベルデザイン」「ネーミング」「パッケージ」「商品の背景（ストーリー）」に加えて、ひと言で興味を引く「キャッチコピー」や、商品のコンテストの受賞歴、権威づけ、お客さんの声といった「ＰＲ要素」。これらをお客さんに明確に売り場で訴求する「ポップ」、売り場の「陳列方法」まで含めて『商品』だと位置づけているんです。

キャッチコピーについては、ネットで売る情報商材からもエッセンスを吸収しました。詐欺的な内容のものも多いのですが、それと知りつつ買って、そこに書かれているコピーを研究していきました。

また、週刊誌の広告に出ているようないかがわしい健康食品とか、「こういうブレスレットを買うと、美女と札束をお風呂の水面に浮かべられる」……といったものをあえて買って購入プロセスを研究したりもしました。

「非売品の酒」のチラシは、あるダイレクトメールを参考にしました。「競馬予想で万馬券を当てましょう」と書かれたいかがわしいダイレクトメールがきたんです。

そこにあった文面をそのままパクって作成したら、それがお客さんに刺さった（笑）。

ただ、やっぱり同業者や地酒のマニア的な方からは後ろ指を指されます。「飛騨の立派な老舗の酒蔵さんがこんなことしちゃダメだろ」とかね。日本酒業界は尖ったことをやらない、保守的なところがあるんです。でも、いいんです。だからこそ、渡辺酒造店が際立つことができたんです。そしてそういうことをおもしろがってくれる酒販店や卸問屋は必ず現れますから、そうした人たちに一緒にやりましょうと声をかけて、どんどん攻勢をかけていきました。

第3章

経営を加速させるエンタメ化経営の真髄

「蔵まつり」スタート

「非売品の酒」などのヒット商品が出て、2006年になるころには私が入社した当時の売上4億円を超えられるようになっていました。

さらなる売上増を目指して、2007年に企画したのが「蔵まつり」です。お客さんに私たちの酒蔵に集まってもらって、楽しんでもらおうと考えました。お酒を買ってくれたお客さんや酒販店へチラシを配ることで告知し、最初の年の来場者は300人程度から小さく始めていきました。

2回、3回と続けるうちに1000人、2000人と入場者数が増えていく中で、酒造の見学なども実施してイベントの内容を充実させていきました。普段はなかなか見ることのできない、お酒造りの現場を見たお客さんたちからの反応は大変好評でした。

そうした中で始めた取り組みのひとつに「ありがとうパワー貯蔵」があります。これは、酒蔵に置かれているタンクに、「見学に来てもらったお客さんたちのポジティブなパワーを貯蔵しよう！」ということで、たくさんのメッセージを書き込ん

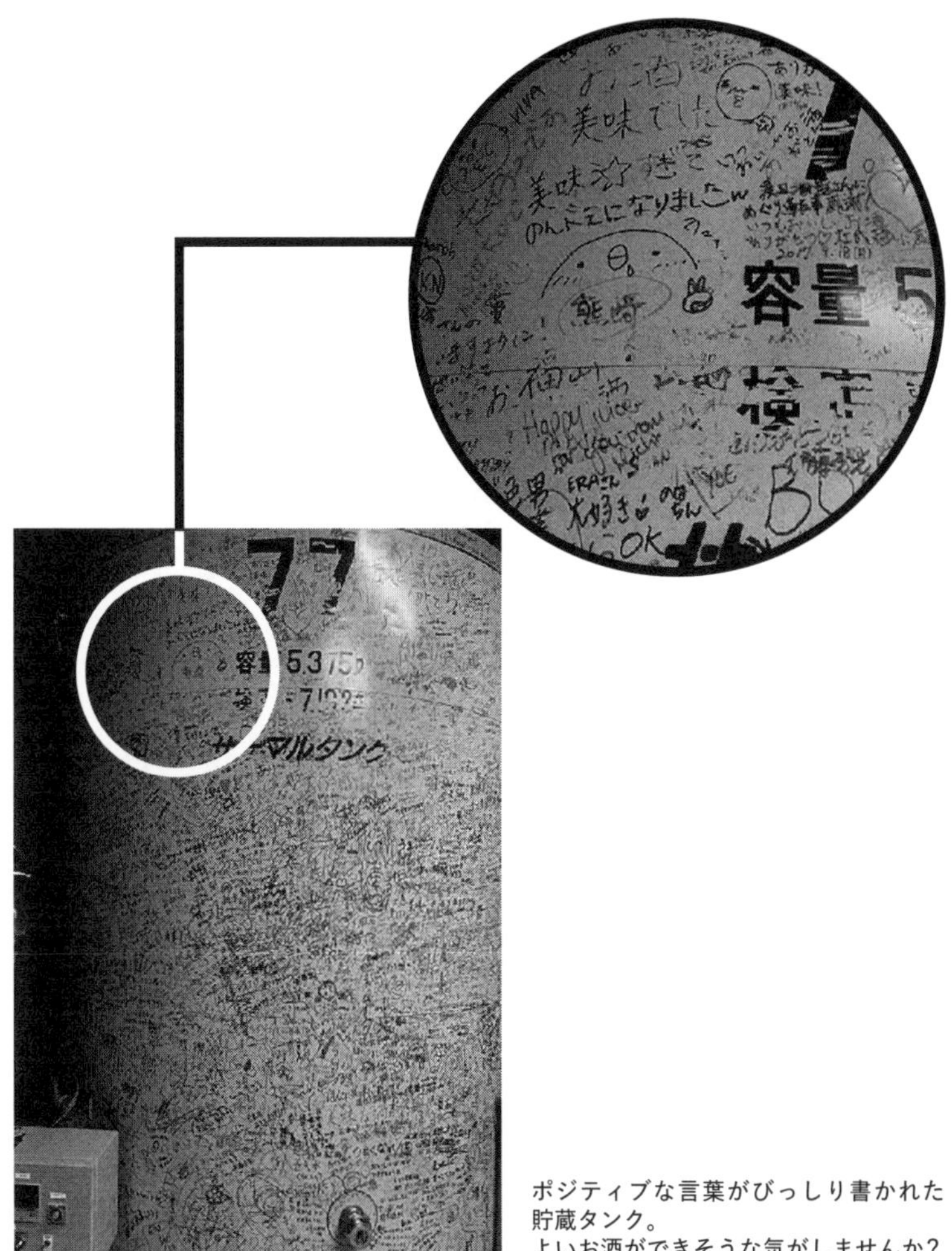

ポジティブな言葉がびっしり書かれた
貯蔵タンク。
よいお酒ができそうな気がしませんか？

でもらうんです。みなさん、楽しそうに書いていただけるので、私たちも嬉しくなります。

蔵まつりは、普段お酒を楽しんでいただいているお客さんたちを、渡辺酒造店がおもてなしをするという感謝の場でもあります。お客さんたちが笑顔になるこの場所で、そのお客さんから「いつもおいしく飲んでます！」「大好きです」といったポジティブな言葉を返していただき、それが目に見える形でここに残るのです。とても気持ちのよい、このコミュニケーションが、渡辺酒造店にとっても元気の源にもなり、いつもお客さんと一緒にみんなでニコニコと笑顔になります。

こうしてまたひとつ、手応えを掴んだ私は、今度は吉本興業から芸人さんを呼んで、お笑いライブをやろうということにしました。それが2010年、第4回の蔵まつりのことでした。そこでお笑い芸人の島木譲二さんに登場してもらうことになったのは前述したとおりです。

まず吉本興業に芸人さんを派遣してもらいたいと依頼しました。すると担当者が話を聞いてくれ、合致しそうな芸人さんのリストを作ってくれました。予算は1日20万円で、5、6人のリストでした。

ただ、失礼ながらお笑いの分野に詳しくない私が知っている芸人さんがいなかったため、「う〜ん、もうちょっと他にいないですかね？」と相談したところ、「渡邉さん、あと10万円出してもらえば、島木譲二いけますよ」というんですよ。

島木譲二さんなら私もよく知っていました。岐阜県では毎週土曜日に吉本新喜劇のテレビ番組が流れているからです。このころになると、テレビ番組の制作予算が絞られている状況でギャラも低めに設定されていたようで、「島木さんのような大物でも30万円で来てくれるのか！」と大感激してお願いすることになりました。

その後、事前に島木さんのマネージャーに当日の段取りや準備しておいた方がよいことについて話していた時のことです。衣装のチェックとかもあるでしょうから「全身が映る鏡とか用意したほうがいいですか」と聞くと、「ぜひお願いします」。「島木は格段にオシャレにうるさい男ですから」というので、高価な姿見を購入して控室に準備しておきました。

当日は、電車で来ると言うので、駅まで迎えに行きました。すると、全身真っ赤なアディダスのジャージを着て降りてきました。そして結局、その赤いジャージを着たままステージにあがっていったという（笑）。いやあ、マネージャーさんも前フリが効いてますよね。

祭りの前日は島木さんに蔵の中を案内しました。すると、島木さんが突然、蔵の中で上半身裸になって、お酒が発酵しているタンクに向かってパチパチパンチを始めたんです。一体、何事かと思って固まっていましたが、島木さんが「社長、これでいい酒になるわ」って。神道の祝詞のようなものですね。なんだかわけがわからなかったけれども、気づけば「ありがとうございます」と感謝していました（笑）。

その後、みんなでお昼ごはんを食べに、近所の飛騨牛のステーキを出すお店に行きました。島木さんは「飛騨牛うまいな」といいながら、「社長、この飛騨牛を育てているところを見られる？」というんですね。知り合いの牛舎がすぐ近くにあったので、そこへお連れしました。そしたら島木さんはまた上半身裸になって、牛舎のなかに入っていって、飛騨牛に向かってパチパチパンチです。「社長、これで飛騨牛、もっとうまくなるで！」

ぶっ飛んでますよね。でも、この人は本物だなと思いました。

そんなわけで、ステージでも島木さんのパチパチパンチが炸裂し、会場は大いに沸きました。訪れた２０００人の人が笑顔になるのを見て、自分が見たかったのはこの風景だったんだなと確信しました。

「エンタメ化経営」の発見

蔵まつりで「SAKE is Entertainment」を実感した私は、日本酒を飲むという体験すべてを「エンターテインメント」にしようと考え、ここから「エンタメ化経営」を明確に打ち出しました。

お客さんのアンケートや手紙を読んでいると、日本酒の味がおいしいとか、甘口でさわやかでおいしかったとか、そういうお言葉ももちろんあるのですが、それよりも「家族でおいしく楽しめた」とか「帰省した息子と飲み交わした」といったことが、非常に楽しそうに書かれてあります。

日本酒の味の向こう側にある家族の団らんとか、日本酒の味の背景にある造り方とか、造り手のいる酒蔵に思いを馳せるとか、そういう日本酒を通した体験そのものを求めているのだなとわかったんです。

これは他の分野にも通じるような気がするんです。たとえば、任天堂はもともと花札のメーカーとしてスタートしましたけど、いまではNintendo Switchが世界中で大人気ですよね。私は、彼らの経営理念として家庭におけるエンターテインメントというのがあるのだと思います。だから、Nintendo Switchのソフトは常に家族みんなで楽しめるものが多いんですよね。販売する商品は時代とともに変わっていっても、お客さんに届ける価値は不変なんです。

日本酒も同じですよね。いまのお客さんは舌が肥えているので、味がおいしいのは当たり前。そのうえで、どんな価値を届けるべきか。どんな価値を求められているのか。そうしたことを考えた時、私は日本酒を通した体験を楽しんでもらいたいという意味で、エンターテインメントを目指そうと考えました。

そのきっかけが島木譲二さんとの出会いでした。彼のパチパチパンチパフォーマンスを見たら、理由なく笑顔になれる。本物のエンタメに間近で接して、そのパワーを実感したんです。おそらく、彼のなかにもそうやって人が喜ぶ顔が見たいというのがあるのでしょう。ちなみに、酒蔵では『吉本新喜劇』のCDを流し、お笑いパワーをお酒に注入しています（笑）。

これらを全部ひっくるめて一言で表したものが「日本酒のエンタメ化」ということだと思っています。

「飛騨スポ」を大都市部にもバラまく

さらにエンタメ化経営の一環ではじめたのが第1章でも述べた「飛騨スポ」です。飛騨スポは一般のお客さんに加え、飛騨エリアの酒販店にも送りましたし、新聞折り込みにも入れていました。

当初、せっかくだから県外の取引先の酒販店を増やしたいと思い、大阪に出張した時のことです。そのころはまだ電話ボックスにタウンページがあったので、酒販店のページをデジカメで撮って持ち帰り、その住所をもとにチラシと飛騨スポを片っ端から送ったんです。

50軒ほど送ったあたりで、すぐに反応がありました。大阪の酒販店からの電話だというので、受話器を取ったらいきなり、「うちは大阪の何々酒店だけどね、これ考えたのあんたか? こんなふざけた手紙を送ってくんなよ、アホ!」ですよ(笑)。

そんなクレームが3件くらいありました。一方で、商談ができて成立したのが2件ありました。やっぱりおもしろがってくれるところはあるんだなと、また自信になりました。

実はこの「電話帳デジカメ作戦」は東京に行っても名古屋に行ってもやりました。やっぱりクレームのほうが多いけれども、商談が成立することもポツポツありました。私たちはこうしてメンタル的にも強くなっていきました。

「この酒に興味を示さなかったあなたのお店に未来なんかないですよ、数年後に廃業ですね！」と言い放っていました。売り言葉に買い言葉ではないですが、本当にそう思っていたんです。

このように、デザインやコンセプトががっちり考えられた商品を積極的に売り込んでいくという営業スタイルの酒蔵は当時なかったし、いまもほとんどないと思います。酒蔵が酒販店に営業をかける時は、「こういう米と酵母を使って造りました」と商品スペックのみで売り込んでいくのがセオリーだからです。もちろん「渡辺酒造店みたいな、そんな破廉恥なことできないよ」みたいな真似しづらさもあると思いますが（笑）。

ただ、だからといって私たちはひるみません。「どういう酒蔵になりたいんですか？」とお客さんに聞かれた時、私は「オリジナリティのある酒蔵になりたい」と答えています。オンリーワンで結果を出し続ければ、誰もが認めてくれるはずなんです。

最近はマネされることも増えてきました。新聞紙で巻いた日本酒が他の酒造会社から出た時は、「これはいいネタにできるぞ」と思うようにしています。「最近、私どものお酒によく似た酒が市場に出回っていますが……」といったキャッチコピーでチラシを作れますからね。いつでもどこにでも、勝機や活路はあるんです。

業界が右肩下がりになっているなかでは、これまでのやりかたを1回捨て去ることができた会社から、下降曲線を上昇曲線に書き換えていけると思っています。

社長就任でエンタメ化経営は加速

蔵まつりで訪れた人にも住所を書いてもらったりして、名簿が増えていったおかげで県外の新規の取引が増えていきました。

蔵まつりで第1回からの人気メニューが、「酒粕詰め放題」です。500円で酒粕が詰め放題になります。粕漬や甘酒を作れる高齢者にはすごい人気でした。ビニールからはみ出しても「近所にお配りするの。お裾分けよ」などといって熱心に詰めている人もいました。

蔵まつりでは回を重ねるごとに他のお店や会社にも出店してもらっていきました。たとえば、地元の食品系のメーカーや飛騨牛を出す飲食店、農家などです。県外から来た人に地元の食を一緒にPRできたらいいなという思いで声掛けをして、出店してもらっています。渡辺酒造店の前の大通りを通行止めにして、そこに出店を構えてもらうんです。

あとは酒蔵のなかを回遊していただいて、蔵のなかでもいろんなコーナーを開設して遊んでもらえるようにしました。

基本的に入場無料で、お酒は試飲ですが飲み放題です。「なんちゅう太っ腹な酒蔵だ」といわれます。ただ、不思議と泥酔者は出ません。一か所にとどまらずに、回遊するように仕向けているからかもしれません。

その後、売上はかなり回復していき、自信もついてきて、「この路線で間違いない」という確信を抱きながら揚々と進んでいました。ですが、すべてがうまくいくわけではないんですね。

２００９年に杜氏がパーキンソン病に罹ってしまったんです。さらには社長である父も脳梗塞で倒れてしまいました。

それまで私の社長就任は既定路線ではありましたが、当時、私はやりたいことがすべてできていたわけではありませんでした。一応、社長である父に承認を得てから経営戦略を実行するようにしていました。ですから逐一、父に承諾を得ようとするわけですが、やりたいことに度々ブレーキをかけられてしまっていました。そのせいで、父とは毎日晩酌しながら、よく口論していました。

父が社長の時期は自分がやりたいことの半分ぐらいしかできなかったというのが、当時の実感です。父は蔵まつりの時も自分の部屋に引きこもって表に出てきませんでしたから、納得はしていなかったのでしょう。

そんなこんなで父が引退することになり、私は2010年に社長に就任。ここからさらにエンタメ化経営を推し進めていくことになります。

アメリカ人蔵人の誕生

2012年からは新たに海外輸出をスタートさせました。これにはもともと2006年に入社していたアメリカ出身のブレイズフォード・コディーの活躍があります。

蔵人に欠員が一人出たので、ハローワークに求人を出していました。その求人票を見て、コディー本人と奥様が一緒にやってきたんです。そのころは、コディーも日本語がたどたどしくて、ヒアリングもいまひとつでした。

コディーはもともとアメリカで大学のアメリカンフットボールチームのトレーナーを仕事としていて、いまの奥さんと出会って結婚。妻の実家である高山に移住してきたという経緯でした。

コディーがいうには、「アメリカでも日本酒は飲んだことがあったけど、それほどおいしくなかった。でも友人に渡辺酒造店の酒が置いてあるお店に連れていってもらったところ、おいしくて感動した」。

そんな時にうちの求人が出ていたので、ぜひここで働いてみたいと思ったというんです。

言葉の壁は大丈夫だろうかとも思ったのですが、とても人柄がよかったので即、採用。うちで働いてもらうことにしました。それに、「伝統ある老舗の酒蔵」と「アメリカ人の酒造り職人」という掛け合わせは絶対にマスコミ受けするだろうという目算もありました。だから、タレント枠としてもいいいんじゃないかと思っていたんです。

この頃は家業存続の危機を脱出して好循環が訪れていた時でしたから、この縁は我々をもっといいところに運んでくれるはずだと父親に話して了承を得ました。

そういえば当時のコディーにとってはやはり日本語は難しかったようで、よく勘違いがありましたね。酒造りの蔵人のメンバーの半分は、岩手県のほうから季節雇用で来ていたんです。彼らは訛りも強くて、「んだんだ（そうだそうだ）」とよく言うんです。それをコディーは「down down」と聞こえていたらしく、「なんでこの人たちはこんなに下向け下向けってネガティブなんだ」と思っていたらしい（笑）。

日本の方言は住んでいる地域が違えば日本人同士でも難しいですよね。それに酒造りは専門用語も多いので、日本人でも若い子だとなかなか理解できない。アメリカ人ならなおさら大変だろうなというのもあって、正直いって、半年で辞めるんじゃないかと思っていました。音を上げるだろうと思っていたんです。

ところが、彼は真面目にコツコツと、酒造りも日本語も一生懸命やってくれました。彼の誠実な人柄は周囲からも信頼を得ていましたから、任される仕事も増えていき、技術的にもどんどん成長していきました。

「コディーの酒」を世界で売ろう

コディーには蔵人として学んでもらう一方、海外に売る営業マンとしても活躍してほしいと考えていました。はじめは彼の母国、アメリカでの販売を視野に入れていました。アメリカの市場を攻めるにあたって、もちろん蓬莱のブランドも広めていくわけですが、その突破口になるような商品が欲しいな、と考えていました。

そんな時、コディーが酒造りをはじめてから5年目ぐらいのことだったでしょうか。自分でも酒を造ってみたいと語るようになっていました。仕事を覚えて、より日本酒の深いところをもっともっと知りたい、いずれ自分でお酒を造ってみたいと思うようになっていったようです。

私としても故郷や母国の人に飲んでもらいたい気持ちはわかるので、即座にＯＫしました。いずれコディーがセールスや商談をする時になれば、「自分が造ったお酒です」と言えるし、造り方やどんな味なのかを説明する時もやりやすいだろう。そういうことでシンプルかつストレートな「Cody's Sake」というネーミングで酒を造ることにしました。

海外の展示会に参加したり、領事館で酒パーティをアレンジして開催したり、いろいろチャレンジしていきました。どんどん顔を売って知ってもらう中で、現地のバイヤーにお酒を届けて、その人を通じて各レストラン、お店に納品していくという流れです。

売上は全体としては大きなものにはなりませんでしたが、コディーも楽しんでいましたし、それなりの手応えを得られました。

海外の輸出担当は、最初は蔵人のコディーが窓口となって進めていましたが、英語のできる女性が新卒で入ってきてからは、彼は酒造りの仕事に専念しています。

ＡＮＡの機内酒に採用。ＩＷＣ（インターナショナルワインチャレンジ）で受賞

エンタメ化経営を進めながらも、コンテストへの出品はずっと継続していました。世界中のあらゆるお酒のコンテストに出品しようという方針です。

２０１３年には国内の日本酒のコンテストである「ワイングラスでおいしい日本

酒アワード」で最高金賞を受賞することができました。この時の副賞としてANAのファーストクラスの機内酒に採用されることになりました。

ここまで数多くのコンテストに出品している酒蔵はなかなかないと思います。なぜなら、まずエントリーフィーがかかります。渡辺酒造店では、日本、ヨーロッパ、アメリカ、アジアを含めると全部で18のコンテストにエントリーして、250万円ほど費用をかけています。

ひとつの大会で数多くの種類のお酒を出品するほうが受賞率はあがりますから、私たちは多めに出品しています。しかし当然、本数が多くなるとそれだけ費用もかかるんです。

ですが、「ANAのファーストクラスの機内酒に採用された」というインパクトはかなりのものがありました。日本を代表する航空会社の機内酒ということは、日本を代表する酒と言えないこともないですからね。また、このタイミングで外務省を通じて在外公館から多数のご注文をいただきました。

そして「蓬莱家伝手造り純米吟醸」はこの年、10万本も出荷することができたんです。

さらに、翌２０１６年には「ＩＷＣ（インターナショナルワインチャレンジ）」で「グレートバリュー・チャンピオン・サケ」を受賞することができました。

このコンテストは、いま日本酒業界で最も影響力があるといわれているものです。毎年ロンドンで開催され、「マスター・オブ・ワイン」という世界最高峰の資格をもつトップ・ソムリエが評価するコンテストです。文字通り、もともとはワインを評価するコンテストで、近年、日本酒を評価する日本酒部門が新設されました。

ＩＷＣの日本酒部門は純米大吟醸部門、純米吟醸部門、大吟醸部門、吟醸部門など9部門ほどあり、まず各カテゴリーのなかでトップを決めます。各カテゴリーでそれぞれ金賞が選ばれ、そこから各部門の1位が決められます。そして、すべてのカテゴリー1位を集めたなかから「チャンピオン・サケ」と「グレートバリュー・チャンピオン・サケ」が選ばれることになっているんです。「チャンピオン・サケ」は純粋にお酒の味で決められ、「グレートバリュー・チャンピオン・サケ」はそこに価格が加味されます。「グレートバリュー」とは価格の割においしいかどうかです。

つまり私たちが受賞したグレートバリュー・チャンピオン・サケは、親しみやすくておいしいお酒であることが評価されたわけです。

これまでいろいろな賞を獲得してきましたが、社内がいちばん沸き立ったのはこの時の受賞でした。これで社員たちのモチベーションもアップしましたね。こういうコンテストの受賞は対外的なPRになるだけでなく、造り手としての自信にもなり、ポジティブな環境が生まれます。

絶滅危惧種米「ひだみのり」の復活

このころ、「ひだみのり」という絶滅危惧種米を使った酒造りも行っています。もともとこの「ひだみのり」というお米は飛騨の酒蔵では昔から広く使われていたお米でした。ところが、1980年代後半に「ひだほまれ」という新しいお米の品種が開発されてからは、それに取って代わられるようになりました。

ひだほまれが好まれたのは、酒米として非常に優れていたからです。この米は心白という、お米の中心の白い部分が多いんです。心白が多いほど、お酒に使える部分が多くなるので、多くのお酒ができる。それに、飛騨のような寒冷地でも栽培がしやすいという特性もありました。ひだほまれはコスト的にも優れていたので、だんだんとひだみのりは使われなくなっていき、最近ではまったく使われなくなっていました。

しかし、調べてみると岐阜県の中山間農業研究所にひだみのりの種もみが残っていることがわかりました。貴重な酒米ですから絶やすわけにはいかないと思い、これを復活させようということで、協力してくれる農家を探して栽培を開始したんです。

ひだみのりを復活させたかったのは、「渡辺酒造店だけが命をつないでいる酒米があったら素敵だな」と思ったからでもあるんです。

せっかくひだみのりを使うので、造り方もできるだけ昔の手法にこだわろうと考えました。昭和30年代、40年代ぐらいのやり方を少し取り入れたいなと思ったんです。そこで、以前から頭にあったのが、木綿の酒袋を使う方法です。

お米が発酵しきってアルコールができたあと、まだ酒粕を取り除いていない状態を醪（もろみ）といいます。この醪に圧力をかけてプレスする上槽という工程があります。この時にいまは化学繊維の袋に入れてプレスするのが主流ですが、昭和30年代から40年代ごろまでは、木綿の酒袋で圧力をかけて絞っていました。

化学繊維の酒袋が開発されてからは、衛生的にもそちらのほうがよいので、ひだみのりと同じように、木綿製の酒袋はだんだん使われなくなっていったんです。渡辺酒造店の蔵からは昔使っていた酒袋が出てきたのですが、それをそのまま使うわけにはいかないので、新しく木綿袋を作りました。

この木綿袋は、柿渋で染めたものを使用します。柿にはタンニンという渋み成分であるポリフェノールの一種が入っていて、これが抗菌作用を持っているんですね。さらには、柿渋の成分がタンパク質も除去するので、酒の味がスッキリとクリアになります。まさに先人の知恵の結晶です。

さらには、木桶も再生しました。現在は金属製のタンクを使っていますが、昔ながらの木桶を使うことにしたんです。これも酒蔵の隅に眠っていた創業時の木桶をリフォームして使うことにしました。そうしてできたのが「木綿搾り酒」です。

木綿や柿渋、木桶というワードが並ぶと、日本酒ファンならグッと食指が動くのではないかと思います。

なにより、私が飲んでみたかったんですよ。できあがった時は、昔の人はこういうのを飲んでいたんだなと、感慨深いものがありましたね。

このように商品の背景にあるストーリーを意識的に作っていくのもエンタメ化経営の一環です。そうしてそのストーリーに沿ってパッケージやPRに込めていくんです。

「ストーリー」が商品を輝かせる

人はどんなものに魅力を感じて、商品を買うのか。いまの時代、商品自体の優位性だけで競争に勝つことはなかなか難しい。ものづくりの技術は成熟していて、差別化するのは並大抵のことではできないからです。

ではどこで魅力を感じるのかというと、私は商品に付随するストーリーだと思っています。人々は商品自体もさることながら、そのストーリーに共感して魅力を感じるものだと思うんです。

ハリウッドの大ヒット映画のストーリーはどれもだいたいパターンが決まっていますよね。それは「旅立ち」「試練」「帰還」という構造です。

最初は負けたり、失敗したりして主人公は打ちひしがれるわけですが、そこから奮起して努力し、仲間の協力を得て、最後には勝利する。少年漫画のヒット作だってヒーローは圧倒的に強いのですが、それだけではありません。どこか弱みも持っている。ウルトラマンだって、3分しか戦えないという弱点があります。弱みを併せ持つことで、単なるスーパーヒーローではなく、私たちに近い存在として共感できるようになっているわけです。

だから、私は日々、ストーリーに使える素材集めをしています。前述した「ガリガリ氷原酒」のきっかけになった手紙だって、お客さんの声を集めてヒントを得るというよりは、「この手紙を生かした商品開発ストーリーができるな！」と考えたんです。

だから、失敗や逆境など、ピンチに陥った時ほどチャンスだと思うことが大切です。

ストーリーは山あり谷ありだからおもしろい。谷は底が深ければ深いほど、浮上した時のハッピーエンドが輝く。起伏が激しくなるほど、その道程、つまりストーリーも稀なものになります。

だから、失敗とか逆境を楽しめ、と自分に言い聞かせています。いつだってそうです。苦しくなったら「これはおいしいな！」ぐらいに思えばいいんですよ。

新ブランド「W」立ち上げ

岐阜県や東海地域では渡辺酒造店、蓬莱というブランドも知名度が上がってきました。全国の取引先にしても、たとえばイオンやドン・キホーテなどといったところでも取り扱ってもらえるようになってきました。

ただ、日本を代表する酒ブランドということになると、まだちょっと足りない。地酒の甲子園である東京でベスト４の常連になるぐらいでないと、日本を代表する酒ブランドではない。そのために何をすればいいかと、著名な地酒専門店のところに話を聞きに行ったりしました。

ところが、「ウチのような高級地酒専門店には置けないな」と言われてしまいました。都内では「なんでも酒やカクヤス」などの量販店があって、私たちも取引しています。そうした量販店で扱っているブランドは地酒専門店では扱えないというんです。これはもう限定流通にした新しいブランドを立ち上げるしかないと考えました。

都内の地酒専門店や飲食店だけで取り扱ってもらえるような、圧倒的に高品質でお求めやすい価格帯の純米酒のブランドを立ち上げようと思い、ブランド名を考えました。

「酒の甲子園」で活躍する地酒ブランドは「獺祭」「十四代」「而今」などと、ほとんどすべて漢字です。そこへ同じように蓬莱とか「飛騨の〇〇」などと名付けても競合ひしめく中で埋もれてしまう。そこで閃いたのがアルファベットでした。その時ちょうど、秋田の新政という酒蔵が「No.6」という商品を発売して、大変な人気を博していたころでもありました。

「数字がアリなら、アルファベットだっていいんじゃないか。誰もやってないんだし」

そう考え、さらに、

「うーん……WATANABEだからW。笑いのW。世界中にこのお酒を広めていきたいからWorldのW。これだな!」

ということで、「W」の1文字を前面に押し出したブランド展開を考えていくことにしました。

ブランドは単発の商品とは違い、たとえばトヨタのカローラのように、その括りの中に高級車から大衆車までラインナップが揃っています。お酒でも「八海山」というひとつのブランドのなかに純米大吟醸があったり、純米酒があったり、普通酒があったりします。この場合、消費者からすると、わかりづらい面があります。有名だから、おいしいからと飲んでみたら普通酒で、思ったほどでもなかったというズレが生じやすいんです。

そこで私たちの「W」に関しては純米酒というカテゴリーだけのラインナップを揃えることにしました。その代わり、純米酒はお米の特徴がよく出ることを利用して、お米の違いで商品アイテムを揃えようと考えたんです。全国の農家の中からこだわりの酒米を栽培しているところを探して直接契約し、純米酒を造りました。メインの原料米となる「山田錦」をはじめ、「赤磐雄町」「高島雄町」「亀の尾4号」「愛山」「ひだほまれ」「ひだみのり」「秋田酒こまち」「越の雫」「吟風」「出羽燦々」からなる、11種類の酒米を使った11種類の「W」を造っています。ちなみに、精米歩合はいずれも50％で、上品な旨口系をベースに複数の米違いの味わいが楽しめます。

量販店には卸さないお酒なので、東京の地酒専門店や日本酒レストランで扱ってもらえるようになりました。漢字ばかりの中でアルファベットが書かれた瓶が置かれているとやはり目立ちます。

そして、「W」に関しては、一切広告や宣伝費を使わないことにしました。チラシ1枚も刷りません。蓬莱ブランドに関しては、イケイケでどんどん変なチラシも作るし、費用をガンガンかけるのですが、「W」に関しては口コミだけでどこまでいけるかを純粋に試してみたかったんですね。口コミの価値を測るための実験です。というのも、圧倒的においしい商品をつくった上で、口コミで広がっていくのがブランド化の近道かなと思ったんです。いまは誰でもネット検索して商品情報を得ます。でも、私たちは情報を出しませんから、検索しても出てくるのは口コミばかりです。「一体これはなんなんだ?」と思わせることができる。謎めいたところも残しておきたかったですしね。

売れる要素としては、ネーミングと味だけしかないので、「W」という名前は口コミがどれだけ影響力をもつのか測るのに好都合でした。蓬莱とは真逆の販売戦略をとったわけです。

結果、取引先の問い合わせがここ2〜3年で急激に増えてきています。当初は全国で6軒だけの取り扱いでスタートしましたが、いまでは70軒ほどにまで増えました。実は「W」の取り扱いには、マイナス5℃で管理できる貯蔵庫を有することなど、特別な条件や誓約が必要です。しかし、こちらから押し売りやセールスを一切しなくても、口コミだけでここまで広がるんです。

日本酒業界ではいちばん有名な、影響力のある『dancyu』というグルメ雑誌は、毎年1月号で日本酒特集を組むらしいのですが、そちらでも掲載されました。

ヒットした理由としてはやはり商品設計がよかったのかなと思っています。お酒の味もさることながら、「W」というわかりやすい目を引くパッケージと、複数の米違いで味が楽しめるというコンセプトがよかったのかもしれません。

大ヒット映画にちなんだ「聖地の酒」

飛騨市は大ヒットしたアニメ映画「君の名は。」のモデルとなった場所とされています。映画では国内のいくつかの場所がモデルとされているのですが、飛騨市の風景が出てくるシーンは、公開前に制作サイドから市役所にモデル地だと知らされていたようで、ポスターやSNSでのPRが始まるや否や公開と同時に「聖地巡礼」のファンの方々が押し寄せました。それで、飛騨エリアでちょっとした「君の名は。」バブルが起きたんです。

飛騨市でもファンを喜ばせようと、製作会社と連携して、飛騨と東京・大阪などを往復する高速バスに「君の名は。」ラッピングを施して走らせるなどの取り組みを始めていました。

この映画が2016年の8月に封切られた時、会社の若い女性社員が監督のファンだったらしく、真っ先に観に行って、「すごかったです、社長、絶対観に行ったほうがいいです。お酒も出てきたし、ヒントがありますよ」と興奮気味に話してくれました。それならと私もさっそく観に行ったんです。

すると、昔ながらの神棚に飾る徳利に口噛み酒を入れているではありませんか。それが映画の非常に重要なアイテムになっているんです。

口噛み酒とは、穀物や木の実を口に含んで噛み、吐き出したものを発酵させて造るお酒のこと。私はすぐに「これだ！」と直感して、すぐに「聖地の酒」というネーミングを考え、そのまま商品化することにしました。〝聖地巡礼〟しにきたアニメファンに買って帰ってもらおうというわけです。

最初に観に行った女性社員に「キミが開発したことにしようね」ということで、もうひとり高卒で入ってきた女性社員と二人で映画の登場人物と同じように巫女の衣装を着てもらってプロモーションすることにしました。マスコミ向けのプレス発表にも登場してもらい、盛り上げていきました。

市長は、ファンの方々の要望もあって、飛騨市として「君の名は。」のグッズなどを販売できないかと権利の交渉を始めていましたが、実際にはかなり難しかったと聞いています。その交渉の中で思わぬことが起きました。製作会社から「渡辺酒造店さんで出されている聖地の酒は著作権上の問題があるので、止めてもらえませんか」と言われたというのです。

私は市長室に呼ばれて、「渡邉くん、じつはこんなことを言われたんだよ」と報告を受けました（都竹市長は私の小中高校の先輩なのです）。その際に、市長からは、これは民間同士のことであり、市としての介入はできないので、渡辺酒造店に直接連絡を入れて、その旨をおっしゃっていただけませんかと製作会社に伝えたということでした。

私たちは商標については「聖地の酒」にまったく問題がないことは、渡辺酒造店の顧問弁護士からお墨付きをもらっていました。「君の名は。」とどこにも書いていないし、ビンに巻いたラベルに描いたイラストも映画のキャラクターとはまったく違ったものにしていましたからね。

その時は、逆に「チャンスだ！」と思いました。「大きな有名会社ばかりの製作委員会から販売の差し止めを求められるなんてことはめったにない。もし、販売できなくなったら、「発売停止の酒」にして週刊誌にタレ込んで売り出してやる！」と考えたんです。

そこで私からも「直接、渡辺酒造店に申し入れてほしい」とお願いし、市役所からその旨を伝えてもらい、抗議文書が来るのを待っていました。文書があれば証拠になりますからね。ところが待てど暮らせど何も連絡はありませんでした。

「うーん、残念（笑）」と思いながらも、それからもどんどん「聖地の酒」は売れていきました。結局、5万本ほど売れました。これは大ヒットと言っていい数字です。「渡辺酒造店には何を言ってもムダだ」とあきれられていたのかもしれませんね。

コディーの「トランプチャレンジ」

アメリカの大統領にドナルド・トランプさんが就任した2017年、日本に初来日される時にコディーがどうしても「僕の母国のプレジデントに自分が造った酒を飲んでほしい」と言い出して、トランプさんにお酒を届けるプロジェクトがスタートしました。

まずは正攻法で行くべきだろうということで、当時の安倍晋三内閣総理大臣に手紙を書くことにしました。コディーが英語で書いたものを和訳して、地元の中日新聞や朝日新聞の記者がチェックしてくれました。

丁寧に清書して、それをまず地元の衆議院議員だった金子一義氏に渡して、そこから安倍総理に渡してもらえるように画策しました。そして、トランプさんが来日の時にはぜひお土産で渡してほしい、という手紙を託すことにしました。その場にマスコミも来てもらって、ニュースや記事にしてもらおうと思っていたんです。

ところが、その最中に北朝鮮がミサイルを日本海に向けて発射した事件が起こりました。こうなると、国会議員は東京都内から動けなくなってしまいます。「渡邉くん、ごめん。そっちに飛行機で帰れなくなったから郵送してくれ」ということになって、お酒と一緒に手紙を送りました。なんとか無事に金子議員が取り継いでくれて、手紙は内閣府を通して安倍総理に渡ったようでした。安倍総理もなかなか面白いと思ってくれたようで、その後、外務省に託されたとのことでした。

どうなるかなと思って結果を楽しみにしていたある日、外務省からＦＡＸが流れてきました。「素晴らしいご提案をありがとうございます。最終選考まで残りました。しかし、今回は見送らせていただきます」と書いてありました。最終選考でふたつのうちのひとつに残ったらしいのですが、残念でした。

選ばれたのは、安倍総理の奥様が田植えをして、その田から取れた米で造った福島のお酒だということだったので、それならば仕方ないなと、諦めもつきました。それでも、コディーや会社的にとってもよい経験を得ることができた出来事だったと思います。

外国人を積極採用して世界へ売る

社長に就任してから、私はそれまで以上に自分色を打ち出していきましたが、新卒採用もそのひとつでした。

それまでは中途採用が多かったのですが、このころになると、その人がまだ真っ白なうちから渡辺酒造店の信念や理念を受け取ってほしいと考えるようになっていました。もちろん、中途採用の社員は即戦力として活躍してくれる強みがあるのでそれぞれにいい点があるのですが、これからの幹部候補生を育てあげていきたいという思いもありました。

いまでは毎年新卒採用するようになり、2021年度も大卒女子2名と、高卒男子1名を採用しました。大卒女子のうち1名は、岐阜県が主催した海外留学生のためのオンライン就職ガイダンスを受けた人の中にいた、同志社大学卒のインドネシア人です。インドネシアの女性は、母国では雪が降らないので、飛騨という雪国の環境にも魅力を感じながら、日本酒を世界に発信するお手伝いをしたいという想いが素晴らしく、採用することにしました。日本語が流暢で読み書きもでき、英語、インドネシア語、中国語を喋れるトリリンガルです。

渡辺酒造店としても2005年にアメリカ人のコディーがすでに入社してなじんでいたので、外国人を採用するのに抵抗はありませんでした。現在はタイ人の男性も酒造りで関わってくれていますし、会社全体で外国人を受け入れる土壌ができています。

紙を捨て、デジタルへの移行を決断

成功体験を積み上げていき、売上が10億円を突破した２０１７年に、また大きな改革をしました。

普通は成功したやり方を続けていきたいと思うものですが、私たちはそうしませんでした。着手したのは、ＰＲ媒体のデジタル化です。

それまでは「蔵便り」や「飛騨スポ」、その他のチラシなど主に紙媒体を用いて、酒販店やお客さんにＰＲしていきましたが、これをネット上で展開することにしたんです。

デジタル媒体に移行したのは、紙だとやはり費用がかかるからです。チラシの多くはカラーでしたから印刷費がけっこうかかりますし、郵送する通信費がかかります。

売上が10億を超えたあたりから、営業利益率がやや低下しはじめていました。業務が増えて人を増やしたので人件費が大きくなりましたし、お客さんリストもどんどん増えて、印刷費や通信費がバカにできない額になっていました。

売上は伸びているけど、利益率が低下したままではなかなか改善しない。そこで、「時代もＤＸ（デジタルトランスフォーメーション）と言っている。私たちも一旦紙を捨てよう」と決意したんです。

まず考えたのはYouTubeに動画を配信することでした。そこで、昨日まで酒造りをしていた人間をつかまえて、「明日から動画を作ってくれないか」といって取り組みはじめました。それが２０１９年の11月のことでした。

その３か月後に新型コロナウイルスでこんなことになるなど、思ってもみませんでしたが、しかし、コロナ禍でもやるべきことは明確だったので、迷いはありませんでした。

もちろん、観光地である飛騨高山には人が来なくなったし、インバウンドも壊滅状態になりましたが、その状況を自分たちではどうすることもできません。自分たちにできることをコツコツやっていくしかないと思っていました。

SNSでアピールし、ECで売る

先述のPR媒体のデジタル化とほぼ同時期の2018年に、ECもSNSやスマホを意識したものへとリニューアルしました。すでに2014年にはホームページ上で買い物ができる状態にしていましたが、これからはスマホですべての消費行動が完結されるようになると考えてのことです。

これとあわせてデジタルシフトで特に重視したのはSNSでした。Facebook、Instagram、Twitter、それにLINEです。これらは人々の生活スタイルに入り込んでいますから、うまく活用できないかと考えました。

わからないなりにもまずやってみたのがLINEでした。LINE上に自社アカウントを作って、「友だち申請をしてくれたら特典がありますよ」といってキャンペーンを打っていきました。

たとえば、「抽選で秘密のお酒を差しあげます」といったことです。FacebookやTwitterでも商品情報をどんどん発信して、フォロワーを増やしていく。こうしたSNSで友達やフォロワーが増えていけば、その人たちに対して直接PRができます。チラシや手紙でやっていたことをそのままデジタルに移行した形です。

アンバサダーさんに協力してもらおう

それまで渡辺酒造店がやってきたのは、自ら自社商品の情報を発信することでした。自分でこのバナナはおいしいですよと宣伝して売る「バナナのたたき売り」です。自分のところの商品は当然いいことしか言わないに決まっていますから、消費者もそういう目で見ています。だから非常に費用対効果が悪いんですね。

であれば、SNSを活用して、第三者を巻き込み、客観的な視点から「おいしいよ」と発信してもらうほうが効果的なのではと考えたんです。

そこでSNSでフォロワー数の多い、いわゆるインフルエンサーたちに呟いてもらうことを考えました。

お酒のある風景を投稿し、かつフォロワー数が2000以上の人たちをピックアップして、「アンバサダーになっていただけませんか？　お酒を定期的にお送りしますので、貴方様が投稿しているおいしそうなお酒のそばにウチのお酒も一緒に置いていただきたいのです」とお願いしていったんです。

大手であれば、インフルエンサーに「案件」として持ち込み、仕事として呟いてもらうのでしょうが、私たちにはそんなことはできません。「お酒を提供するので、その見返りとして投稿してください」ということです。

よくよく見ると日本酒について投稿する人は料理とセットで写真を撮っていることが多いんですね。特にそれは女性が多い。女性が自分を露出させようとする時は、花や美容、フィットネスというイメージがあったのですが、日本酒のカテゴリーはポッカリ空いていたので、意外性がありました。

パッケージに関して言えば、無骨だったり、荒々しかったりするデザインで男性受けを狙っているものが多いのですが、女性も日本酒をけっこう飲んでいることがわかりました。

渡辺酒造店のお酒でいうと、「色おとこ」という銘柄はまさに女性向けです。

これは私の高校の先輩が以前歌舞伎町でホストクラブを経営していまして、東京に行ってご飯をごちそうになった時に、「おいナベよ、ホストクラブでは最高のシャンパンとか高級ワインを置いてあるんやけど、最高の日本酒がない。ホストクラブ用の最高の日本酒を造ってくれよ」と頼まれて、そこで考えたのが２００７年に発売した「色おとこ」です。

フルーティーで、果実味たっぷりのきれいなお酒です。ラベルデザインはピカソの絵のような、しゃれたものにしました。ホストクラブの棚にシャンパンと並べても違和感がないようにすることを意識したんです。

これらのお酒がＳＮＳ上でのアンバサダーさんの影響で売上を伸ばしています。

コロナ禍でデジタル化を一気に加速させる

Twitterだの、Facebookだの、Instagramだのと矢継ぎ早にはじめていって、少したった頃に訪れたのがコロナ禍でした。しかし、私たちは打ち手をやめませんでした。

Twitterでは、「騨飛龍（ダブリュウ）」というお酒で10万リツイートを達成しました。最終的には14万まで伸びたんです。全国の14万人もの人々に渡辺酒造店を認知してもらえたわけですから、大成功でした。

これは東京五輪で来訪される外国人の観光客へ向けて販売をする予定であったお酒を100本プレゼントするキャンペーンの告知をリツイートされたものでした。当初、300ほどだったフォロワー数が1日で10万にまで達したんです。これほどまでの反応は予想していなかっただけに私たちとしても衝撃を受けました。

もともと「騨飛龍」は銀座の商業施設で販売予定だった東京五輪で訪れた外国人観光客向けの高級酒でした。オリンピックが最高潮を迎える8月9日にちょうど飲み頃になるように逆算して仕込んでいますから、五輪が延期されたことでおいしい盛りを過ぎてしまう。それならコロナでがんばっている日本人にプレゼントしようと考えました。

5万円の価格設定のお酒でしたが、行き場がなくなってしまったので、断腸の思いでしたね。

この「騨飛龍」の前には、2020年4月に「疫病終息祈願酒」のキャンペーンを行ってもいます。お客さんには送料だけ負担してもらい、300㎖のお酒を無料でプレゼントしようという企画です。コロナ禍でさまざまな我慢をしている人がたくさんいますから、勇気づけたい、元気づけたい、喜んでもらいたいという気持ちです。そこに共感が広がったのだと思います。

限定のお酒をアンバサダーの方にインスタライブで実際に飲みながら紹介してもらい、その場で買ってもらうということもやっています。

曜日や時間帯を変えて何度か実験的に行ってみた結果、やはり週末の夜が最も視聴者数、反応ともに多かったんです。多い時には300人以上の人が視聴してくれて、ちょっと高価な5000円とか1万円の日本酒50本があっという間に完売するということもありました。

「インスタ映え」は「シズル感」がウケるといいます。肉汁や卵の黄身などでいえば、いままさに滴り落ちている様、という感じですね。ビールでいうと、栓を開けた時にプシュッという音とともに泡が出る感じ。日本酒なら、タンクから出したばかりの汲みたての感じや、升に滴り落ちている感じです。そのシーンになると場がワーッと沸き立ちます。あとは社長が出るのがウケるらしく、私がライブに出ると皆さん喜んでくれましたね。

私たちの場合、コロナ禍で窮地に陥ったということはまったくなく、逆にデジタル化がグンと加速して、これからさらに売上を伸ばしていけるヒントをもらったという気がしています。

あの時、紙媒体に固執していたら、うまくこの波には乗れなかったはずです。「やっぱり成功体験を捨てるのは必要だ。スティーブ・ジョブズの自伝に書いてある通りだ！」と思いましたね（笑）。

デジタルでもアナログでも変わらない、共感の本質

ただ、チラシはチラシでよい面もあるんですよ。紙媒体はまったくゼロにしてしまったわけではなく、一度購入してくれたお客さんには「蔵便り」のほか、手紙風のチラシなども折り込んで送っていたりします。

ＳＮＳ全盛の時代だからこそ紙のオリジナリティが出てくる面もあります。文書作成ソフトで作ったものより手書きの手紙のほうが思いは伝わる、というのと同じようなものですね。

いずれにせよ、大事なことは中身。中身で大事なのは想いを乗せることなんです。そうすれば、共感してくれる人が必ずいます。

消費行動にはいくつかのパターンがあって、役に立つもの、楽しむためのものという要素があると思います。その価値と金銭が折りあえば、人は買う決断をします。ストーリーに共感した人が商品を買おうと思うのは、購入することでそのストーリーの当事者になれるからだと思います。自分もストーリーの一登場人物になれる。そのことで楽しもうという意識が働いているのではないかと思うんです。

そしてそこにエンタメ要素が加われば、もっと共感を得やすい。そういうことではないかなと思います。

ストーリーを伝えて共感を得るためには紙であろうが、デジタルであろうが変わりません。以前はチラシで、いまはデジタルになりましたが、伝えようとするメッセージやコアな部分は変わっていません。

デジタルは無料で無限に複製できるという特性上、波及効果が大きいとはいえます。1日で10万リツイートということは、短時間にそれだけの人たちがキャンペーンの文面を読んだということです。紙のチラシだとこうはいきません。

紙でもデジタルでもその特性を理解して、適切に活用していくことが重要なんだということです。

コロナ禍が与えた酒業界への影響

2020年、日本酒業界は新型コロナウイルス感染拡大の影響による飲食店やホテル、旅館の客数減少に伴い、出荷量が大きく減少しました。また、国内外の商談会・展示会の中止や延期が相次ぎ、新たなビジネスのきっかけを得る機会は著しく減少しました。

渡辺酒造店もコロナの影響により、出張営業が不可能になりました。また、飛騨高山の観光地の土産店や飲食店向けの需要は壊滅的であり、復活の兆しもまったく感じられなかったんです。この先、大幅な減産を迫られる可能性が高く、まさに万事休す、といった状況でした。

こんな状況下で、「これまでのリアルの現場に偏ったやり方では通用しない。いまこそ改革を推し進めるべき時だ」と事業モデルの転換を決意して、営業のＤＸに踏み切りました。

コロナ禍でリアル展示会が中止となる中、非接触・非対面対応のＤＸを中心に推進していきました。それは、渡辺酒造店独自のオンライン展示会を開催し、顧客へ情報を発信することに加えて、集客活動のデジタル化を目的としたMA（マーケティング・オートメーション）を導入することで進めていきました。

2020年8月に開催した第1回オンライン展示会では、3日間で100名を超える全国の酒販店、卸問屋、GMS（総合スーパー）のバイヤーが参加してくれました。結果として、オンライン展示会限定の純米大吟醸5千本が、なんと2日で完売という異常な売上を記録することができたんです。ここまでお話ししてきた通り、これまでにもデジタル面の強化と、それに伴う売上増はありましたが、この反響には驚かされました。

「やはり時代が変わらざるを得ない局面では特に、私たちも変わっていかないと生き残ることはできないんだな……」そう思わずにはいられませんでした。

そのおかげもあり、コロナ禍においても業績を伸ばし、2020年9月決算では無事利益を確保することができたんです。そして酒米農家からも例年通りの仕入れを継続することができました。

それに、営業をオンラインに切り替えたメリットもたくさんありました。たとえば、これまでは人が足りずに訪問しきれず、電話だけで商談をしていた取引先とは、オンラインで顔を合わせて話ができるようになりました。なんと、「コロナで会えなくなった」のではなく、「コロナで会えるようになった」ことで、信頼関係を構築できるようになったのです。

ほかにも、オンラインで営業エリアが拡大して、いまや販路は海外も含めて大きく広がっています。これは今後もそうですが、状況を逆手にとるという視点で、このオンライン展示会のように〝新たな出会いの場〟をたくさん作り、世界を笑顔にできるような日本酒をどんどんお届けしていきたいと思っています。

「裏事情の酒」誕生秘話

コロナ禍での出来事でいえば、原料米の「ひだほまれ」が大減反の危機に瀕するということもありました。

お酒が売れなくなると、生産量を減らすことになります。日本酒の賞味期間は、吟醸酒の場合は6カ月間、普通酒は1年間がおいしく飲める目安と言われていますから、造ったら酒販店に並べて置いておくことができません（この点、焼酎に賞味期限はありません。アルコール度数が高いので、味を劣化させる細菌が棲めないからです)。

そのため原料米の仕入れを減らすことになります。これは農家にとっては死活問題です。

田んぼは一度、稲を作らなくなって放置すると、再び使えるようになるのに相当な手間がかかります。売り先がない米を作るわけにはいきませんから、生産量を減らすことになります。すると、どんどん先細りになってしまいます。

2020年の時点で、お酒の生産量を35%ぐらいは減らさなければならない状況になっていました。他の酒蔵を合わせると全体で減少幅が5割にまでいくのではないかと懸念されていました。

当然ながら米農家の作付け面積も半分になり、収入も半減してしまいます。こうなると、「じゃあ、もううちは米を作るのやめようか」と考える農家も出るでしょう。実際、収入が半減するなら米作りをやめると宣言している農家もありました。

酒蔵と米農家というのは一蓮托生です。どちらかが倒れてしまったら、どちらも立ち行かなくなってしまう運命共同体です。ですから、どうにかしてお酒の在庫をさばいて、来年も同じだけ「ひだほまれ」を仕入れられるようにしなければならないと思いました。

販売数を増やす。この一点に特化した最も効果的な方法は安売りです。そこで「裏事情」というネーミングを考えて、元のお酒の値段の3割引きで売ることにしたんです。

とはいえメーカーとして、単に「コロナ禍でお酒が売れないから値下げしました」というのでは何の意味もありません。安売りは単なる手段ですし、在庫をさばいて終わりでは芸がありませんし、私たちはエンターテインメントを生み出したいと思っている。

ここでまた頭をひねって考えた結果、私たちの思いを正直にお客さんに伝えることにしました。なぜこういうことをしているのか？　ということを、そのままラベルに書くことにしたんです。

「本当は定価で売りたいのだけれど、農家さんを救うことは将来的には我々に返ってくることだから、こういう価格設定にしました」

「裏事情」というお酒のラベルの裏にいろいろ書いてあると興味を持って読んでくれて、そういうことかと納得して、応援する気持ちで買ってくれた人が多かったのではないでしょうか。

私たちの思いに共感してくれたマスコミから取材が殺到しました。この件での取材依頼は新聞が7社、テレビが3社でした。特にNHKで取り上げられた時の反響は大きいものがありました。

マスコミ効果もあって「裏事情」はほとんど完売し、「ひだほまれ」の作付け的にも前年比15％減まで抑えることができました。当初は3割から5割減だと言われていたので、私たちの願いはまずまず達成できたかなと思っています。

縁が会社を成長させてくれる

少し話が遡りますが、売上10億円が視野に入ってきた2015年からは継続的に、酒母室、上槽室の新設、物流センターや倉庫の増設、社員寮の建設など、設備投資を進めています。売上増に耐えられる設備を増強していこうということです。

このころになると、少し前の「変わったことをやっているな」という周囲の目が、「何か景気がよさそうだぞ」というふうに変わってきてはいました。コンテストでいくつも受賞し、お酒の売上も絶好調らしいぞと。しかし、それでもまだ後ろ指を指されていました。

私たちはすでに地元だけでなく、隣県、全国、世界を見据えた販売戦略を打ち出そうとしていましたが、町の人たちは身の周りでの変化がなければ評価を変えません。蔵まつりをしてはいても、町の中で蓬莱が特別に支持されているわけでもなく、別段、他のお酒と異なる大きな特長があるようには見えなかったのでしょう。

どうしてヘンテコなチラシを打つ必要があるのか、理解できなかったと思います。田舎の町というのはテレビに出たかどうかが判断基準になっているところもあります。渡辺酒造店のやっていることは正解なのか、たまたまなのか、一体何なのか、どう評価してよいかわからない状態なのだと思います。

地元からはなかなか理解されませんでしたが、県外の人たちは素直に評価してくれているようで、「視察をしたい」「いろいろ教えてほしい」という酒蔵が出てきました。時代が変わっていて、自らも変化しなければならない必要性は彼らも感じているんだと思うんですが、どうすればいいかわからないでいるんだと思います。

これまでの全国の中小酒蔵の生きる道は、ふたつしかなかったと私は思っています。ひとつは、東京で勝負してブランド化する道、もうひとつは安売り路線を極める道です。

しかし、私たちは第三の道を突き進んでいると思っています。すなわち、地方からの発信力と販売力で勝負する方法です。その発信力の根底にあるのがエンタメ路線です。

コディーとの出会いもそうですが、節目節目で自分や会社を成長させてくれる縁があったという気がしています。

私は、いい出会いがあった時や、衝撃を受けた時には、「これは何なのか、どんな意味があるのか。私たちを成長させてくれることなんじゃないだろうか」と捉えて、それを言語化しながら、実践してきました。

酒蔵のこれまでのビジネスモデルでいえば、外国人の雇用やお笑い芸人の起用は違和感でしかないと思います。けれども、私は「これが何かにつながるのではないか」と出来事の意味を考えるようにしています。

出来事そのものに意味はなく、そこに色をつけるのは自分自身です。どんな出来事に遭遇しても「これがヒントになるのではないか」と考えて、自分なりの意味づけをしていけばいい。

「違うだろ」「間違ってる」「やめたほうがいい」という人もいるかもしれません。でも、そんなことを気にする必要はありません。

自分たちの解釈した意味で、行動する。
それこそが本当に意味のあることだと思うのです。

渡辺酒造店の改革を支えた10の気づき

一、「和醸良酒」――和して醸せば、よいお酒ができる。
仲のよいチームワークがあってこそ、よいお酒が生まれる。

二、お客さんの顔の見えなくなった事業はニーズを見失い、衰退する。お客さんとの接点を作り、生の声を聞く。そこに新商品のヒントは隠れている。

三、柳の下には2匹目のドジョウがいるかもしれない。
何度も網ですくってみること。いなければ、また次の策を考えればいい。

四、品質の良さは大前提。
「売る技術」を高めなければ、いまの時代は売れない。

五、商品にストーリー性を持たせて作る。
　　そして、購入者にはストーリーの当事者になってもらう。
六、人を笑顔にするストーリー作りは、エンターテインメントにヒントがある。
七、たとえ人に笑われ、後ろ指を指されようとも信じた道を突き進む。
　　その先には必ず理解してくれる人が待っている。
八、過去の成功体験は捨てること。
　　成功体験にしがみついていると、変化の流れには乗れない。
九、苦しい状況、失敗した経験は、その後の行動によって生かすことができるネタになり得る。
十、出会いや起きた出来事の意味づけをするのは自分自身。
　　どんな出来事も「ヒントになるかも」と思うことで無限大の発想が広がる。

終章

夢は〝日本酒が世界でワインを超越すること〟と〝日本酒のワンダーランドを作ること〟

「コロナ禍」が教えてくれたこと

岐阜県の飛騨高山や白川郷は観光地ですから、新型コロナウイルスの感染が急速拡大した2020年3～5月の頃のこと、飲食店もインバウンドの需要も全部ストップしてしまいました。当然、売上も目に見えて減っていきます。世界中の誰もがしたことのない体験をしていた時期でした。

でも、私はこの時、「グレート・リセットが来た……」と感じていました。そして、「コレだよ、コレコレ！　君たちね、世界中が同時に経験しているこの困難、逆境を我々はどうやったら乗り越えていけるのか、いまから身をもって体験できるぞ」と社員に伝えていました。

実際、チャンスだと思いました。この逆境をどう乗り越えていくのか、何をすればいいのか、切羽詰まって考えざるを得ないこの状況を、コロナ禍が試練として与えてくれているんだと思うことにしたんです。こういう状況がなければ、新しいことをやろうなんて考えない。やっぱり人は追いつめられると、アイデアや実行力が出てくるものです。気づけば、どんな状況も自分たちを成長させてくれるものと捉えられるようになっていました。

困難を目の前にして「この経験はのちに絶対に生かせる」と考えられるようになっていたのは、やはりどん底を経験したことがあったからでしょうね。最盛期から売上が35％も減少した34歳のころが一番苦しい時期でした。

社員の不祥事もありました。社員が社内で窃盗をしたことが判明したり、横領の事実が発覚したりしました。

管理部門の社員が2名、うつ病になったこともありました。また、当時70代の古老杜氏だった方が心臓を病んでしまい、そのまま仕事ができなくなってしまいました。後継者の準備もままならない状態でした。

そういうことが重なってストレス過多でしたから、食と酒に逃げていたら体重が100キロを超えてしまいました。おまけに背中に腫瘍ができてしまい、何の病気かと震えあがったこともあります。結局、腫瘍は良性のものであることがわかって、ほっと胸をなでおろしたのですが。

父とは毎晩いっしょに晩酌をしながら、侃々諤々の議論です。それはもうちゃぶ台をひっくり返さんばかりの勢いでした。父が過ごしてきた時代と、いまの時代では大きく世の中が変わりました。時代の違いが認識の違いを生んで、埋められない溝になってしまっていました。

父たちの時代は、日本経済全体が右肩上がりでしたから、そこに乗じていられました。仕事といえば、父の場合は町の市役所の監査役であったり、経営者協会の会長をやったり、会社のことより町や地域に貢献するのが主な務めでしたね。だから会社の仕事はしなくてもよかったんです。

しかし、酒類販売業の規制緩和が実施されて量販店が各地にできはじめたころから、状況が変わり始めました。そして環境の変化に対する準備がまったくできていなかった。父は会社の営業マンに「お前がもっと売ってこないからだ！」とよく言っていました。これが象徴的だと思うんです。

会社の不調の原因というのは、社内の問題というよりは日本酒を取り巻く業界の構造的な問題です。個人の頑張りでどうにかなる次元を超えています。

酒の量販店が登場したことによってビジネス環境が変わってしまった。ところが、この「環境が変わる」ということを父たちの世代は経験してこなかったから、「個人の頑張り」のところに原因を見出すしかなかったんだと思います。

そして、コロナ禍が訪れた。そうです、環境が変わったんです。

ではどう変わったのか？ 人は居酒屋やレストランでお酒を飲めなくなったので「家飲み」が主流になりました。こんな事態はこれまでにはなかったことです。

コロナ禍が収束すればまた以前のライフスタイルやビジネス、売上が戻ってくるだろうと考える人は、何もしないでこの嵐がずっと過ぎ去るのを、ひざを抱えて座って待っていることしかできません。

けれども、変わった環境に対応していかないといけない。コロナ禍が過ぎ去っても、その時にはもう以前とは違う世界になっているんです。

どん底を経験すれば、「ピンチはチャンス」を信じられる

売上2億6000万という地獄を見てからは、もうこれ以下はないだろうという感覚が私の中にあります。V字回復したいまからすれば、渡辺酒造店の成長ストーリーとして、なくてはならない時期でした。

もちろん、当時は必死だったので「ピンチはチャンス」などとは到底考えられま

せん。でも、必死でもがいて、考え抜いた施策でなんとかその危機を脱したら、チャンスもやってきました。やはり危機を経験したから、それをチャンスと捉えられたのだと思います。

物事はすべて光と影、陰と陽。一見、日陰のようであってもすべてが影になっているわけではなく、木漏れ日が差していることがあります。それは日陰の中だからこそ、その部分が光り輝いて見えるんです。逆に、光り輝いているように見えても、輝けば輝くほど、夏の日差しのように影の部分も濃くなります。

影は、弱いところから出てくるんです。家庭だったらおじいちゃんやおばあちゃん、子どもたちから病気や怪我、あるいはメンタルの不調といった形で出てくる。また逆に、もっとよくなりたいという成長意欲は光り輝いていてすばらしいのですが、気をつけないと会社や家庭に亀裂が入ります。それは、そこにいる人がどんどん前進したいタイプと、現状に満足するタイプの二種類に分かれ、綱引きが始まるからなんです。多くの人は、「あまり変化をおこしたくない」と考えています。ですから、「成功しなければならない」と強く思いすぎると、家庭やごく近い人の幸せをないがしろにすることにつながります。

そういうものだと思って、順風満帆の時でも十分に気をつけて影を見ておかなければなりません。

「人間万事塞翁が馬」といいますが、本当にその通りです。出来事そのものに色はなく、色がついたように見えているのは自分自身がそうしているからです。そういう見え方、つまり意味付けを自分でしているからなんですね。そうであるなら、苦しい状況やうまくいかないこと、失敗した結果は、受け取り方次第でどうにでもなります。

一度、危機がチャンスになるということを実感できたら、強いですよ。苦しい状況やうまくいかないこと、失敗した結果などは、すべてその後の行動いかんによって生かすことができるネタになり得ると思えるようになります。だから、へこたれることがありません。何事にも動じなくなるんです。だから、そうしたメンバーが集まっている会社は強い、というわけです。

それに世の中が不況の時こそ、目標とするライバルと差を縮めるチャンスです。日本全体の景気がよかった高度経済成長期の時代や、日本酒業界が全体的に右肩上がりで伸びていた時は、ライバルとの差を縮めにくい。みんな追い風に乗っているからです。しかし、こういう逆風の時はライバルも苦しんでいますから、差を縮めるチャンスなんです。

特に私たち日本酒業界は老舗企業が多い保守的な世界なので、急激な環境の変化には弱い面があります。だからとりわけ、環境が変わった時には弱者にとってはチャンスがあるんです。スポーツでも、雨が降っている悪条件のグラウンドでは番狂わせが起こりやすいですよね。

胆力がある、腹が据わっているとよく言われますが、逆境を乗り越えてきて、いまはそれをチャンスと捉えられるようになったからこそだと思います。

逆境は経験しないで済むのであれば、しないほうがいいものではありますが、もし経験することになっても悪いことばかりではないということです。そして、それが腹に落ちれば、どんなことが起こっても前向きに捉えることができます。

同調圧力を打破するきっかけに

日本人の幸福感を上げたいと考えた時、気になる指標が世界の幸福度ランキングです。さまざまな調査結果がありますが、いずれも日本は先進国で最も幸福度が低い部類に入るとされています。

なぜ日本人の幸福感が低いのか。私は日本社会にある同調圧力の強さが、その原因のひとつではないかと思うんです。個人がしたいことよりも集団の調和のほうが重んじられる風潮。集団から排除されることへの恐れ。それこそが、日本人を息苦しくさせているのではないか。

私は同調圧力が強い地域に育ちましたから、息苦しさを肌で感じて生きてきました。そこでコロナ禍をチャンスととらえて、同調圧力からどんどん自由になろうと考え、古い慣習を見直すことにしました。

たとえば、8月のお盆の最中のお坊さんたちによる読経です。お盆の時期には渡邉家に2日間で12人のお坊さんが代わる代わるお経をあげにきます。それは飛騨地方の昔からの慣習で、菩提寺の住職だけでなく、それ以外のお寺のお坊さんも受け入れなければならないんです。

しかもその2日間はお坊さんがいつ来るかわからないので、一日中、家にいて待っていなければいけません。しかし、コロナ禍以降は「今年はコロナ禍なのでご遠慮ください」と断っています。

地域で白い目で見られることもあるのかもしれませんが、私の周りには賛同してくれる人が多いです。申し訳ない気持ちがないわけではありませんが、お寺さんも時代に合わせて、維持継続できる方法を考えればいいだけです。

地域の会合でも実体がないものも多く、ただ集まって世間話をしているばかりのことも、父に代わって私が出席するようになってわかりました。本当に必要なものは、リモート会議だってなんだってやるはずです。コロナ禍で中止になっても何も困らなかった、あれは何だったんだという地域の会合は全国で無数にあるに違いありません。だから私は世の中においても、コロナ禍が個を抑圧する同調圧力を打破するきっかけになりうるのではないかと思います。


偏差値教育の中で「中の上」であれば上々だという意識が染みついてしまっている部分もあるのではないでしょうか。日本が世界第二位の経済規模を誇っていた時代は、中の上でよかったかもしれません。しかし、ジリ貧に陥っているいまの状況でも、中の上の意識が染みついてしまっています。なるべく周囲から突出しないように、悪目立ちしないように、ほどほどで維持できていればいいやという感覚があるように思います。

私は偏差値教育の劣等生でしたから、中の上でよしとする意識がもともとありません。右でも左でもなんでも、空気なんか読まないで、振り切ったポジションを取ろうという考えを常に持っています。そうやってあえて異端であろうとすることで、異端の正統性を獲得できるものだと思っています。

ラップで会社と日本を元気に

エンタメ化経営の極めつけは、渡辺酒造店のラップ曲を作ったことです。「ご当地対抗返礼品ラップバトル」が2018年に開催されました。これは楽天が地方自治体のふるさと納税マーケットに乗り出した時に、メディアでの話題作りのために行われたものです。

この時、都竹飛騨市長から「渡邉くん、いっしょにラップをやらないか」と声がかかり、楽天本社で行われるラップ選手権に出ることになりました。

その時にラップの曲を作成してくれたのが、〝日本一礼儀正しいラッパー〟と言われているマチーデフさんです。彼が作詞作曲したものを市長と私とふたりでデュエットというか、かけあいで歌うんです。

結局、ラップコンテストの結果は2位だったんですけど、おもしろい経験ができました。

そんなこともあって、マチーデフさんに渡辺酒造店の曲も1曲作ってもらえないかということで依頼し、ミュージックビデオも作ろう、という話になりました。

まずマチーデフさんのソロから始まって、私のソロがあって、社員全体が合唱してフィナーレという構成です。ただ、曲と歌詞はできてレコーディングまでは進んだのですが、いざ撮影という時にコロナ禍になり、ミュージックビデオの撮影はストップしてしまいました。これは近いうちに、必ず実現させたいと思っています。

作ってもらった渡辺酒造店の曲は、全国のカラオケで歌えるようになるといいですね。まずは音楽配信サイトなどでダウンロードできるようになればいいと思っています。いまは店内、就職ガイダンスや新卒採用のPRの時に流すなどして活用しています。

『蓬莱 Your Smile -渡辺酒蔵店150周年記念ソング-』
作詞：マチーデフ　作曲：マチーデフ, KO-ney
編曲：KO-ney, 日田茂, 三ツ橋大輔

蓬莱 For Life,Your Smile　笑顔にさせたい人がいる
長い歴史 伝統受け継ぎ　あなたに届ける飛騨の恵み
蓬莱 For Life,Your Smile　お酒と人をこよなく愛す
蔵人達が造り出す酒　味わってほしい 心ゆくまで

岐阜県最北端　飛騨古川にある酒の蔵
赴きある白壁の情景　と共に歴史刻む渡辺酒造店
北アルプスや飛騨山脈　周囲には山々が連なる
冬は氷点下15℃まで　下がって蔵は雪に覆われる
そんな気候と風土があって
美味しいお酒が出来上がってく
まさに発酵には絶好の環境　飛騨の奇跡が織りなす感動
県外にはほとんど　流通しない手作り醸造
娑婆のお酒にあぐんだら　古川のお酒飲んでみんかな

蓬莱 For Life,Your Smile　笑顔にさせたい人がいる
長い歴史 伝統受け継ぎ　あなたに届ける飛騨の恵み
蓬莱 For Life,Your Smile　お酒と人をこよなく愛す
蔵人達が造り出す酒　味わってほしい 心ゆくまで

明治3年に始めた酒造り　えもいわれぬ珠玉のしずくに
人々は酔った　そしてその酒は　蓬莱と名付けられた
以来 全国の銘醸地　巡り酒蔵技術習得し
世界6カ国の品評会　で50冠を達成した蓬莱
150年変わらないもの　それは米のいのちを生かすこと
香りや手触りを大切にし　ひたすら真っすぐ醸してく日々

蓬莱 For Life,Your Smile　笑顔にさせたい人がいる
長い歴史 伝統受け継ぎ　あなたに届ける飛騨の恵み
蓬莱 For Life,Your Smile　お酒と人をこよなく愛す
蔵人達が造り出す酒　味わってほしい 心ゆくまで

Sake is Entertainment　忘れちゃいけない原点を
日本酒は笑顔になれる酒　工業化 高級化はいりません
もっと気楽で楽しく美味い
それこそが日本酒本来の価値
さぁ共に作りましょう　日本酒のワンダーランド

大きな空の下　あなたを想うよ今
杯を傾けて
遠く離れてても　蓬莱飲めばほら
懐かしい風が吹く

蓬莱 For Life,Your Smile　笑顔にさせたい人がいる
長い歴史 伝統受け継ぎ　あなたに届ける飛騨の恵み
蓬莱 For Life,Your Smile　お酒と人をこよなく愛す
蔵人達が造り出す酒　味わってほしい 心ゆくまで

蓬莱 For Life,Your Smile　笑顔にさせたい人がいる
長い歴史 伝統受け継ぎ　あなたに届ける飛騨の恵み
蓬莱 For Life,Your Smile　お酒と人をこよなく愛す
蔵人達が造り出す酒　味わってほしい 心ゆくまで

「世界酒蔵ランキング第1位」を獲得

前述したモンドセレクションの受賞をきっかけに、その後もコンテストへの出品は続けており、毎年、日本、アジア、中国、ヨーロッパ、アメリカといった世界の18大会にエントリーをして、毎年50以上の賞を獲得しています。

そのなかでもいちばん影響力を持つのが前述の「ＩＷＣ（インターナショナル・ワイン・チャレンジ）」ですね。２０２０年には2度目の「グレートバリュー・チャンピオン・サケ」を獲得しています。この賞を2回獲っているのは渡辺酒造店だけです。

それらの集大成が、２０２０年の「世界酒蔵ランキング第1位」という結果に繋がりました。世界酒蔵ランキングは、日本を含めた世界の代表的なコンテストの受賞率をポイント化して、その総合得点によってランキング化したものです。「世界酒蔵ランキング第1位」はいわば、年間グランドチャンピオンということです。

このコンテストは２０１９年から始まったもので、その時は2位。２０２０年に念願の1位を獲得したというわけです。

これには社内も沸き立ちましたね。「世界で第1位の酒蔵なんだから、給料も業界第1位にしてよ、社長!」といった声もありましたが(笑)。そこで2021年は基本給と昇給の見直しをしていずれもベースアップしていますので、現在は社員の報酬としても業界トップクラスのレベルになっているはずです。

伝統を守るために伝統を破壊する

ここまで読んでくださった皆さんの印象としては、私は日本酒という伝統産業の破壊者のように映るかもしれません。

でも、私はむやみやたらに破壊しているわけではありません。守るべき伝統とそうでない伝統というものがあり、そこはわきまえているつもりです。

守るべき伝統とは、まずは先人の知恵です。

我が家には渡辺酒造店の代々の主人が残してきた日誌があります。明治3年、渡邉家の5代目久右衛門章が生糸の商いで京都に行った時、口にした酒のうまさが忘れられず、自ら手掛けて「蓬莱」を生んだのが渡邉家の酒造りのはじまりでした。

いついつこんな仕込みをした、こんな作業をしたといったことが書かれている、酒造りの記録ともいえるのがこの日誌です。

5代目渡邉久右衛門章が書いた日誌の、明治37年6月の記述に目が留まったことがありました。

渡辺酒造店のある飛騨市古川町に大火が発生したことが書いてあったんです。それによると「酒蔵が全焼した」「婦女子は近くのお寺に避難した」「自分は小学校でしばらく仕事をした」などと詳細に記録が残されていました。そしてその年の11月には蔵を再建して酒造りを始めたという記述を見た時は驚きました。

すべてを失ってから5か月で酒造りを再開できるなんて、昔の人は本当に強い。明治37年といえば日露戦争がはじまるという頃。開国から50年と経っていないのに欧米列強の一角であるロシアを打倒したわけで、日本人がもっともバイタリティに満ち溢れていた時代と言えるかもしれません。

その後も、日本でチフスが流行して、特に関西は大打撃を受けたことや、飛騨地方でもねずみ狩りをしたといった記述も見られました。

日誌を読んでいると、いまも昔も困難はあるのだなとわかります。日誌には事実が記されているだけで、その時にどんな気持ちだったかは書かれていません。しかし、その後の行動を見れば、どんな思いで仕事をしていたかは想像がつきます。きっと歯をくいしばって、なにくそと思っていたに違いありません。

そんな不屈の精神を垣間見ると、コロナ禍や以前の経営危機など、大したことはないと奮い立たされる気持ちになるんです。

そういう先人の志を自分が繋いでいかなければならないという思いがあります。私が思うのは、家業が危機の時ほど、創業者の遺伝子が発動するのだということです。苦しい時ほど先人の言葉が浮かびあがってくるんです。

特にコロナ禍でもへこたれなかったのは、先人の日誌を読んだことで彼の気概が私に乗り移っていたのかもしれないと思うんです。

酒蔵と山の関わり

渡辺酒造店の蓬莱が持つ、やや甘口で芳醇な味を決めたのは、私の曽祖父である6代目の渡邉一郎でした。

面積の93%を森林が占める飛騨市では林業が盛んで、肉体労働の疲れを癒すにはやや甘口がいいだろうと渡邉一郎は考えました。それに、あまり飲み過ぎて家計に響くことがあってはいけないだろうという思いもあって、2合も飲めば満足できるように、コク深い芳醇な味わいにしたんです。当時の日本酒一升は大工の日当より高かったので、人々の生活を考えてのことでした。当時と比べれば原料となる米の品種も違えば、造り方も進化してはいますが、その方針、哲学は継承してきているつもりです。

1980年代、90年代、新潟の淡麗辛口の酒が流行った時代はあまりウケませんでしたが、2000年代になって女性がよく飲むようになり、上品でやや甘口な芳醇タイプのお酒がウケるようになってからは、蓬莱の味が時代にマッチしてきたように思います。

山とのかかわりが深い地域のため、渡邉家の家訓として「山の木は切るな」という教えもあります。

何しろ面積の93%を森林が占める飛騨地方ですから、旧家はどこも大なり小なり山を持っています。というのも、林業が盛んな地域では、育林は田舎の代表的な財テクのひとつだったからです。木材価格が高かった高度経済成長までは植林された材木はしっかりした値段で売ることができましたから、植林地は将来の資産という位置づけでした。

大切な資産だから切るなということに加え、森は日本酒造りに大切な地下水をおいしいものにする役割を担ってもいます。森に降った雨水は、豊かな土壌に磨かれておいしい地下水になります。地下水が酒蔵に湧き出る井戸水となるわけで、おいしい水によってお酒の味もまた深みを増すんです。

酒造りは自然との調和の産物

現代のお客様にとっておいしさというものは、もはやあって当然、当たり前の基準だと思います。

私たちは売り方を工夫して売り上げを伸ばしてきたことは確かなのですが、もちろんおいしさも生み出すために生産体制の改革にも取り組んできました。

２０１０年以降、最先端の設備である自動洗米浸漬装置、ウエイト式充填設備、ロードセル付製麹機等を次々と導入する投資をしてきました。原料はすべて酒造好適米を使用。搾った酒はフレッシュな香味を保つため、すべて氷温貯蔵する方針です。製造には細心の注意を払い、どの工程も妥協しません。

ちなみにいまは、マイナス10℃で貯蔵可能な大型冷蔵庫を建設中です。私たちは、人の感覚に頼った酒造りから、数値とデジタルを重視した酒造りへ大きくシフトチェンジしようと思っているんです。これは若手社員の活躍がなければ、実現不可能な、いわばＤＸ酒造りです。こうした取り組みがうまくいって、いまでは新卒社員が酒造経験20年の職人と同等と言っても過言ではない技能を一年で習得しています。

実は、このＤＸ酒造りに挑戦している理由がいくつかあります。それはまず、飛騨市が全国的に少子高齢化の最先端地域であること、それゆえに近い将来、継続して労働力を確保するのが困難になること、だから労働環境を改善し、働き方の改革を推進したいと思っているからです。

そして、これからは女性と外国人が活躍できる企業が頭角をあらわす時代になると思うんですね。時代はどんどん変わっていきます。だからＤＸ＆ダイバーシティの実現は急務だと思っています。

ですが、ひとつお伝えしたいことがあります。それは、ＤＸ酒造りだけでは、調和のとれた美しい酒は生まれない、ということです。

感性5割、デジタル5割。

私はこのバランスが最適だと考えています。

昔の人は自然からの恵みを体感する生活でしたから、いかに自然の摂理において合理的であるかを常に考えていました。酒造りの工程にもそれは言えることで、発酵において最も重要なことは、「微生物が活動しやすい環境をいかに作ってやるか」ということです。微生物の世界は目に見えませんが、彼らの活動の結果を数値化することで、作業を「見える化」しています。いま工程の50％は数値でそのよし悪しを測ることができるようになっているんです。

なぜそうなったかというと、さまざまな成分分析が進んで、あらゆるものの成分が数値にできるようになってきたことや、それを測るデジタル計器も進化していることに加え、人手の問題も関与しています。

経験豊富な職人は高齢化していてこれからもどんどん引退していきますから、技術の伝承は急務です。昔はじっくりと腰を据えて、「目で見て盗め、感じて覚えろ」

で技術を習得する時間がありましたが、いまはそういうわけにはいきません。新入社員が1か月でキャリア20年の蔵人たちと同じ力量を持つためには、酒造りのあらゆる工程で、米と麹、微生物の働きの状態を数値化していくことが必要です。そうすれば、「この数値になった時には次の工程に移る」という判断ができますからね。

かつては発酵している麹を手で握ってみた肌感覚から、「この麹は、品温が14度から15度に上がろうとしているのか」、それとも「14度から13度に下がろうとしているのか」などと判断していました。江戸時代から清酒造りは行われていましたが、そのころは時計すらありませんから、すべては経験からくる勘を頼りにしていたんです。

そうした経験を積み重ねて日本酒は醸されてきたという歴史があるので、目に見えないものを感じる力＝感性は、デジタルとロジカルの時代になっても非常に重要です。

こうした考えを踏まえて、感覚的ではありますが、バランスとしては感性が5、デジタルが5の割合で技術を高めていくことが理想だと考えているのです。完璧な日本酒と、心を動かす日本酒は違うのです。

日本酒はいくつもの微生物がお互いに調和しあって、お互いを生かしながら活動してこそうまくできあがります。

ところが、翻って人間世界を見てみると、まったくそうなってはいません。自分の都合だけでルールを決め、環境を破壊してでも合理的にものごとを運ぼうとします。自然の摂理に反したことがたくさん行われています。

自然は人間のものではなく、人間が自然の一部なのですから、人間の行動も自然の摂理に従ったものにしなければうまくはいかないはずなんです。だから、酒造りも自然の摂理に従って造るのが基本です。

自然の摂理に従うこと。つまり謙虚であることです。自然の働きを制圧できる、コントロールできると考えるのは不遜というもの。そうではなく、摂理に従い、謙虚に振る舞う。微生物の働きをサポートするという気持ちでなければいけない。

感性を磨くには、やはり自然の中で過ごして体感することです。私たちは自然を体感する社内イベントを企画しています。たとえば、蔵人たちが行う滝行です。あえて極寒の時を狙って、早朝、裸になって滝に打たれるんです。

酒蔵には、手のひらという最先端技術があります。長い年月をかけて刻みこんだ技と、磨きぬいた感性を駆使して、私たちはどこまでも貪欲に酒造りを追求していきます。

6代目の思いをつないだ「無修正の酒」

「山の木は切るべからず」に加えて、もうひとつ口伝で残っている家訓が「原酒を薄めず、まっすぐな酒造りをすべし」です。

明治時代までは、酒屋さんには樽の酒しかありませんでした。酒蔵から四斗樽に原酒を詰めて、それを酒屋さんに納品します。酒屋さんは店でその樽を割り、加水して調整したものをお客さんに売るわけです。

お客さんは通い徳利といって、陶器製の徳利を持って酒屋さんに行き、そこに水を加えて調整されたお酒を詰めてもらって買っていました。だから、かつての酒屋さんはお酒を調合する役目も担っていたんです。

日中戦争がはじまるころになると軍事用の米の需要が高まり、酒米が不足するようになります。国からは酒蔵に対して、「お米は何百俵しか使ってはいけない」という指令がくるようになりました。当然、お酒の生産量は減ります。するとと、本来は原酒で樽に詰めて酒屋さんに届けるのですが、原酒だとまったく儲からないから、そもそも酒蔵で水で薄めたものを届けるようになりました。酒屋さんはさらに水で薄めるということになって、戦時中はどんどん酒の味が落ちていきました。酒蔵も酒屋さんも両方が大量に水を入れて水増しするので、当然、水っぽい酒になる。金魚が泳げるんじゃないかというので、そういう質の悪い酒を金魚酒と言ったんです。

当時はそういう粗悪な酒に対する非難がすさまじかったようです。当然、酒蔵の信頼も失墜しました。酒蔵は暴利を貪る悪徳商人の典型だ、とも言われていたと聞きます。

そんななかでも当時の6代目渡邉一郎は、決して薄めることはなかったとのことでした。経営は厳しいけれども、歯を食いしばってちゃんと原酒のままで提供していたと、古い老舗の酒屋さんからも伝え聞きました。

この逸話を再現して造ったのが「無修正の酒」です。現代では水で薄めないのは当然のことなので、「無修正」の意味は無濾過ということにしました。「無濾過の酒」ではつまらないから、無修正にしようということで名前を決めました。

酒瓶にラベルの代わりになる「無修正の酒」と書いてある紙を巻き、裏側に6代目のストーリーを記してあります。

破壊と伝統を受け継ぐことの両面が必要

創業者は起業家であるわけですが、起業家には破壊者の側面があります。既成のビジネスに満足せずに、「こういう方法があるんじゃないか」とチャレンジしていく。その時、場合によっては既成の枠組みを破壊しなければなりません。

2代目、3代目と事業が続いていく時に、やはり守るだけなら家業は存続できないのだと思います。どこかで破壊者のスイッチを入れる代がなければ継続できない。それが危機に瀕してタイミングよく現れてくればいいのですが、そうでないなら自分がなるしかありません。

守るべき伝統とそうでない伝統を取捨選択する。これができていない業界は多いのではないでしょうか。守るべきものとそうでないものを判断することができれば、守るべき伝統のためには、そうでない伝統は変えていくことができるんです。

世の中に順風が吹いている時は破壊する必要はありません。父の代も前半はそういう時代でした。しかし、後半、切り替えることができなかった。逆に右肩上がりの時代に家業を任されていたら、私も何もしなかったと思います。ただの「できないの跡継ぎ」で終わっていたでしょう。いまの時代だからこそ、チャレンジする姿勢が身に着いたのだと思うんです。

おいしいものを作れば必ず売れるのか、とは難しい問題ですが、ズバ抜けておいしいものなら、必ず売れると思います。こう言うと身もふたもありませんけど（笑）日本酒業界は、革新的でズバ抜けて美味しい酒をつくる天才的な醸造家を、15年に1人のペースで輩出しています。銘柄を挙げると、十四代、獺祭、新政。

雲の上の彼らには畏敬の念しかありませんが、彼らと私自身を比較して「ないものねだりをしてはならない」と肝に銘じています。彼らにも、決して外からは見えない努力があって、積みあげてきたからこそ天才と言われるいまがあると思うからです。

人間、誰しも生まれ持ったセンスや才能があります。そりゃあ私だって「キムタクみたいなハンサムな顔に生まれたかった！」と心底思います（笑）。でもないものねだりをしてもしょうがない。羨望や妬みは何も生み出しません。

凡人には凡人のやり方があります。自分で考え、自分で作り、自分で売る。非常にシンプルですが、常に危機感と希望を持ち、ひたすら考え抜いて小さな前進を続けるのみです。

想像の中で広がる「日本酒のワンダーランド」

私たちの企業理念である「日本酒をおもしろく楽しくし、お客様が喜ぶ顔、驚く顔を徹底的に追求する」を達成していくための究極の形として考えているのが、「日本酒のワンダーランド」を作ることです。

お酒の味自体はおいしいのが当たり前ですから、それだけではなく、体験としてお酒を楽しみたいというのが、お客さんが日本酒に求めていることの本質だと思っています。それを突き詰めていけば、エンターテインメントになることはすでにこれまで述べてきた通りです。

そこで日本酒でできる究極のエンターテインメントのひとつの形として、私がワンダーランドで取り組みたいと思っているのは、酒蔵の歴史と文化を知り、酒造りを体験し、稀少価値の高いお酒と仕込み水を飲むこと。サイクリングで無農薬米が収穫される田んぼと仕込み水の源流を巡るツアー。ランチには日本酒とマリアージュできるオーガニック野菜を調理した郷土料理とお酒のペアリング体験。フラッグシップは、世界の富裕層やスーパーハイエンドを接遇する、酒蔵を改装して作るラグジュアリーホテルとレストランの運営です。

そこで世界中の人々に、米と麹で発酵させた最高の日本酒と飛騨の風土を心から堪能してもらい、唯一無二の時間を過ごしていただきたい。さらに「ＨＩＤＡにはＳＡＫＥという最高のアルコール飲料があるし、その魅力を存分に味わえるワンダーランドがあるんだぞ」と、そんな体験談を滞在の余韻とともに、魅力を母国へ伝えてほしいと思っているんです。

この本を書いている2021年8月のいま、新型コロナウイルスの影響で、日本国内のインバウンド事業はどこもトーンダウンしています。しかし当社では、海外のファン向けにオンライン酒蔵見学会を開催し大好評を博しています。ＳＮＳでは海外向けのアカウントを立ち上げ、酒蔵と飛騨の情報を発信し、コロナ禍でも手を止めずインバウンド施策に取り組み続けています。

カトリック派の巡礼者や多くの観光客がバチカン市国サン・ピエトロ大聖堂を訪れるように、やがて世界の美食家たちは「日本酒のワンダーランドＨＩＤＡ」を目指してこぞって来日する。そんな日を夢見ながら、日々の仕事に取り組んでいるんです。

日本酒がワインを超える日を夢見て

音楽もやって、ミュージックビデオも撮り、この本も作り……そして映画も撮りたいと思っています。じつはもうシナリオも考えているんですよ。

冒頭、酒蔵の主人の葬儀から始まります。酒蔵は窮地に陥るのですが、起死回生の策として主人が生前造りたかったお酒を再現することになります。そのためにリーダーの杜氏が全国を旅して、チーム作りからはじめます。

元ヤクザの片腕の男や天才的な利き酒能力を持つ狩猟ガールなど特異な技術を持つ酒造り経験のある人間を、全国を旅して集めていきます。すごい能力を持った面々が集結して、最後にはすごい酒を造ってしまう……というようなエンターテインメント映画です。

漫画化、アニメ化、そして実写映画化という進め方が映画コンテンツの王道パターンですから、まずは漫画を描くところからがスタートです。一緒に作品を作ってくださる方、募集しています。

しかし、こんなことをやっていると、いくら売上が伸びているからといっても、業界で評価してくれる人とそうでない人はハッキリわかれます。それは仕方のないことです。気にしていてもしょうがない。

家業の後継者として経営されている酒蔵の主人タイプの経営者は、私がやっていることはピンとこないかもしれません。「変わったことをやっている酒蔵」としか見えないでしょう。しかし、起業家タイプの経営者たちは理解し、とても褒めてくれます。まったく学のない、偏差値でいえば下のほうの高卒の私がここまでできたのだから、誰でもできるはずなんです。

コロナが去っても、今後もどんどんビジネス環境は変わります。人の意識が変わり、消費行動が変わり、需要が変わります。そうしてビジネス環境が変わった時は

「売れるルール」も変わります。
　これまで常識だった「売れるルール」が通用しなくなり、別のルールが適用される。そのルールは、実は自分で作ることができるんです。環境に適応したモノづくり、売り方ができれば、それがルールになります。だから本当に、ピンチはチャンス、なんです。

　すべては自分の手の内にあると信じること。直観に従い、情熱を持ち、強い意志で前に進みます。粘り強く、決して揺るがないように。それから、どんな状況にあっても、とにかく楽しむことを絶対に忘れません。

　私は、自分が生きている時代に完成できなくても、それこそ孫の代か、ひ孫の代か……何年かかるかわかりませんが、世界におけるマーケットの拡大と、それに伴う影響力、そしてたくさんのファンの熱量で、日本酒がワインを超えることを究極の目標として奮闘しています。
　やはり世界的な認知度、浸透度を誇るワインに勝るお酒は、存在しないのが現状でしょう。もし宇宙から宇宙人がやってきて、それぞれの星の飲み物を交換しようとなると、地球代表で出す飲み物はワインになるに違いありません。

でも、その地位を日本酒で獲得したい。それがひいては日本人の誇りを取り戻し、元気にすることにも繋がると本気で思っているんです。

日本酒がワインを超える日。

一歩ずつではありますが、誠実に、果敢に、着実に近づいています。

【著者略歴】

渡邉 久憲（わたなべ・ひさのり）

渡辺酒造店代表取締役社長。1968年岐阜県飛騨市生まれ。県立斐太高校卒。
薄井商店、賀茂泉酒造での酒造り修業を経て、1998年に家業である渡辺酒造店に入社。2002年に酒類販売規制緩和のあおりを受けて年商3分の1減。経営危機に陥るも、どん底の中で開眼し、「Sake is Entertainment」を哲学とした独自の「エンタメ化経営」で再建。売上高が30年間右肩下がりの日本酒業界において、17年間連続で増収増益、年商4倍を達成。
国内で唯一、「IWC(インターナショナル・ワイン・チャレンジ)」において「グレートバリュー・チャンピオン・サケ」を2016年と2020年の計2回受賞したほか、「世界酒蔵ランキング2020」においても第1位の称号を獲得している。

渡辺酒造店オフィシャルwebサイト

日本酒がワインを超える日

2021年10月 1日 初版発行

発行 **株式会社クロスメディア・パブリッシング**

発行者 小早川幸一郎

〒151-0051 東京都渋谷区千駄ヶ谷4-20-3 東栄神宮外苑ビル

https://www.cm-publishing.co.jp

■本の内容に関するお問い合わせ先 ……… TEL (03)5413-3140／FAX (03)5413-3141

発売 **株式会社インプレス**

〒101-0051 東京都千代田区神田神保町一丁目105番地

■乱丁本・落丁本などのお問い合わせ先 ……… TEL (03)6837-5016／FAX (03)6837-5023

service@impress.co.jp

(受付時間 10:00～12:00、13:00～17:00 土日・祝日を除く)

※古書店で購入されたものについてはお取り替えできません

■書店／販売店のご注文窓口

株式会社インプレス 受注センター ……… TEL (048)449-8040／FAX (048)449-8041

株式会社インプレス 出版営業部 ……… TEL (03)6837-4635

カバーデザイン 佐伯鈴香(TANK株式会社)

アートディレクション 平野隆則(TANK株式会社)

本文デザイン・DTP 荒好見

印刷・製本 株式会社シナノ

ISBN 978-4-295-40605-1 C2034